U0315358

水体污染控制与治理科技重大专项"十三五"成果系列丛书

重点行业全过程水污染控制技术系统与应用项目

制药行业全过程水污染控制技术集成与工程实证

主题编号：2017ZX07402003

制药行业水污染全过程控制技术发展蓝皮书

曾　萍　刘庆芬　刘文富　等编著

北　京

冶金工业出版社

2021

内 容 提 要

本书以制药行业水污染全过程控制为主线，系统展示了水体污染控制与治理国家科技重大专项在制药行业水污染控制技术方面的进展和应用。全书共6章，分别为制药行业水污染特征与控制技术需求、制药行业废水污染物源解析、制药行业重大水专项形成的关键技术发展与应用、制药行业全过程水污染控制技术评估、制药行业废水污染治理难点与技术需求以及制药行业水污染全过程控制策略和技术展望。

本书可供从事制药行业废水处理处置及污染控制等的工程技术人员、科研人员和管理人员阅读，也可供高等院校环境工程、市政工程及相关专业师生参考。

图书在版编目（CIP）数据

制药行业水污染全过程控制技术发展蓝皮书/曾萍等编著. —北京：冶金工业出版社，2021.1
ISBN 978-7-5024-8797-3

Ⅰ.①制… Ⅱ.①曾… Ⅲ.①制药工业—工业废水—水污染防治—研究报告—中国 Ⅳ.①X787

中国版本图书馆 CIP 数据核字（2021）第 071988 号

出 版 人 苏长永
地 址 北京市东城区嵩祝院北巷 39 号 邮编 100009 电话 （010）64027926
网 址 www.cnmip.com.cn 电子信箱 yjcbs@cnmip.com.cn
责任编辑 王梦梦 美术编辑 郑小利 版式设计 禹 蕊
责任校对 卿文春 李 娜 责任印制 李玉山
ISBN 978-7-5024-8797-3
冶金工业出版社出版发行；各地新华书店经销；三河市双峰印刷装订有限公司印刷
2021 年 1 月第 1 版，2021 年 1 月第 1 次印刷
787mm×1092mm 1/16；9.75 印张；230 千字；143 页
48.00 元

冶金工业出版社 投稿电话 （010）64027932 投稿信箱 tougao@cnmip.com.cn
冶金工业出版社营销中心 电话 （010）64044283 传真 （010）64027893
冶金工业出版社天猫旗舰店 yjgycbs.tmall.com
（本书如有印装质量问题，本社营销中心负责退换）

《制药行业水污染全过程控制技术发展蓝皮书》
编　委　会

（按姓氏笔画排序）

王　平	王　研	王泽建	王洪华	王靖飞	印献栋
刘文富	刘帅峰	刘庆芬	刘佳奇	成璐瑶	孙丙林
许　岗	邢书彬	邢建民	张玉祥	张军立	张　玮
张锁庆	宋永会	李玉洲	李　娟	杜　丛	吴　达
杨梦德	杨　旸	周志茂	段　锋	段志钢	胡卫国
赵秀梅	赵卫凤	侯宝红	郭辰辰	袁国强	都基峻
钱　锋	倪爽英	崔长征	龚俊波	萧泛舟	曾　萍
韩　璐	程启东	熊　梅	藏　飞		

前　言

我国制药产业发展迅速，已成为世界医药生产大国。制药行业是"水污染防治计划"国家环保规划重点治理的12个行业之一。随着习近平总书记"生态环境保护"思想的践行，国家对环保管理力度的不断加大，整个行业的环保意识逐步增强，新的环保技术开发、改造和推广力度将不断加大。行业水污染控制技术的发展从单向治理发展到综合治理、循环利用，水循环利用率不断提高、废水中有价资源回收成效显著。在强化制药行业污染治理技术的同时，在行业内推动绿色酶法等清洁生产技术以实现制药行业的可持续健康发展。

在水体污染控制与治理国家科技重大专项（简称水专项）"制药行业全过程水污染控制技术集成与工程实证（2017ZX07402003）"课题的资助下，我们编撰了本书。本书结合制药行业在水专项"十一五"至"十三五"期间突破的关键技术和创新成果，重点阐述了制药行业水污染特征与控制需求、发展历程与现状，全面梳理和归纳了制药行业清洁化生产及污染控制技术，聚焦行业水污染控制技术发展的难点与关键点，对行业水污染控制技术发展的趋势和方向提出了展望，并归纳了行业水污染控制技术发展策略和路线图。

本书编撰过程中，参考了部分制药行业在科研和生产过程中所取得的成果，在此向大家表示衷心的感谢。特别感谢国家水体污染控制与治理重大科技专项办公室、贾鲁河流域废水处理与回用关键技术研究与示范课题（2009ZX07210-001）、浑河中游工业水污染控制与典型支流治理技术及示范研究课题（2008ZX07208003）、辽河流域重化工业节水减排清洁生产技术集成与示范研究课题（2009ZX07208002）、浑河中游水污染控制与水环境综合整治技术集成与示范课题（2012ZX07202005）、辽河流域有毒有害物污染控制技术与应用示范研究课题（2012ZX07202002）、湖北汉库汇水流域水质安全保障关键技术研究与示范课题（2012ZX07205002）、南京大学、东北制药集团股份有限公司等的帮助与支持。特别感谢国家环境保护制药废水污染控制工程技术中心任立人、中国科学院过程工程研究所的曹宏斌、赵赫、郭少华、张迪等同志给予的指导和帮助。

　　本书编撰过程中，参阅了水污染治理领域的著作及相关资料，在此向文献作者表示衷心的感谢。

　　由于作者水平和时间所限，书中疏漏和不足之处恳请广大读者批评指正。

编者

2020 年 9 月

目　　录

1 制药行业水污染特征与控制技术需求

1.1 制药行业概况

1.1.1 制药行业发展状况

制药工业是我国国民经济的重要组成部分，在保障人民群众身体健康和生命安全方面发挥了重要作用。进入 21 世纪以来，我国制药行业一直保持较快发展速度，产品种类日益增多，技术水平逐步提高，生产规模不断扩大，已成为世界医药生产大国。

1.1.1.1 全球原料药产业概况及发展趋势

美国目前是全球第一大制药市场，中国市场规模仅次于美国位居全球第二。2018 年全球医药产业市场规模为 1.2 万亿美元。其中，美国的辉瑞、默沙东、强生等医药跨国公司的年销售额占据 45% 市场份额，欧盟（英国、法国、德国、瑞士、爱尔兰）和日本的医药公司分割了另外的约 45% 份额，我国和印度等国家医药企业包揽了剩余的低端原料药市场。

化学原料药行业是制药产业的重要基础，世界生产的原料药达 2000 余种。由于原料药生产过程复杂，环保成本投入高昂，随着药品专利保护期优势过去，从 20 世纪 90 年代初，美国等发达国家选择将大部分传统的原料药、医药中间体市场让出，将传统原料药产业（也包括抗生素菌渣在内的环保问题）转移到国外生产，对后续专利产品制造所需的化学原料药及中间体通过外购或合同契约生产。逐步形成当前世界医药产业的新格局：美国以专利药开发优势占据了医药产业市场，对原料药主要以进口为主；欧盟从事高端原料药、高仿药和专利药生产；中国、印度从事低端原料药生产。中国目前是全球最大的原料药生产与出口国，2018 年我国医药制造业主营业务收入 23986 亿元，增长 12.6%，医药工业企业合计 8370 多家，原料化学制药企业约有 1230 多家，化学原料药出口量占全球的 1/2 以上[1~5]。

1.1.1.2 国内医药产业现状

新中国成立以后，我国制药行业得到了蓬勃发展，特别是改革开放以来，我国制药行业发展迅速。改革开放初期的 1979 年，我国制药企业只有 700 家左右，2013 年，全国共有原料药和制剂生产企业 4875 家，实现产值 21682 亿元。

近年来，制药行业经济规模快速增长，2015 年，规模以上制药企业实现主营业务收入 26885 亿元，利润总额实现 2768 亿元，"十二五"期间年均增速分别为 17.4% 和 14.5%，始终居工业各行业前列。据《中国化学制药工业年度发展报告》统计，2016 年医药工业企业合计 8377 家，化学药品工业（原料药加制剂）企业有 2415 家，中成药和中药饮片加工企业 2777 家，生物、生化制品工业企业 969 家，卫生材料及医药用品制造企业 775 家。目前我国能生产的化学原料药品种约 1600 多种，化学制剂品种约 4000 种。在规模快速增长的同时，产品品种日益丰富，产量大幅提高。截至 2017 年年底，全国共有兽药生产企业 1874 家（香港、澳门、台湾未纳入统计范围）。制药工业已成为我国国民经济的重要组成部分，在保障人民群众身体健康和生命安全方面发挥了重要作用[6~8]。

由图 1-1 可知，近些年来医药行业工业总产值增速虽然略有放缓，但是总体产值一直稳步上升。

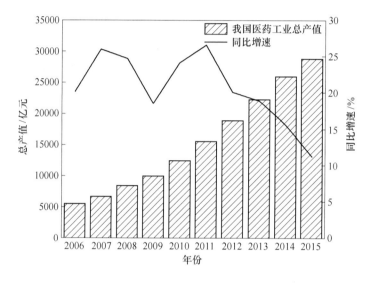

图 1-1　2006~2015 年我国医药行业工业总产值增速情况

我国的制药行业已基本形成了化学药品、中成药、中药饮片、生物生化制品、医疗仪器设备及器械、卫生材料及医药用品、制药专用设备等比较配套且较为完善的制药工业体系，数量规模已跻身世界前列，在发展中国家占有明显优势。

我国化学药品原药生产企业（包括发酵类和化学合成类）主要分布在山东、浙江、江苏、河南、河北等省；我国化学药品制剂生产企业主要在江苏、山东、广东等省；我国中成药生产企业主要分布在吉林、四川、山东等省[2~5]。

我国制药行业的发展具有鲜明的特点，可概括为"一小、二多、三低"，即规模小、数量多、产品重复多，产品技术含量低、新药研发能力低、经济效益低。根据贝恩分类法，$CR_4 < 35\%$（CR_n 为前 n 位企业的市场份额）且 $CR_8 < 40\%$ 属于极低集中竞争型产业，我国制药产业 2011 年 CR_4、CR_8 分别为 7.6% 和 11.4%，属于极低集中度产业。在企业规模方面，2012 年全国纳入统计范围的制药企业中大型制药企业占 3.5%，中型企业占 18.6%，小型企业占 77.9%，中小型企业数量占绝大部分。2013 年，我国制药企业百强企业销售收入占全产业的比重仅为 28.8%，其中，销售收入超过 400 亿元的制药企业为两家，超过 100 亿元的企业为 11 家，50 亿~100 亿元的企业 25 家。从而导致我国制药企业竞争力差，环境污染严重，资源和能源严重浪费，且制药废水已成为严重的污染源之一[6~8]。

1.1.2 制药行业分类

1.1.2.1 按产品药用功能分类

制药行业产品按药用功能主要分为：抗感染药物、抗寄生虫药物、麻醉药物、解热镇痛类药物、神经系统用药、治疗精神障碍药、心血管系统用药、呼吸系统用药、消化系统用药、泌尿系统用药、血液系统用药、激素及影响内分泌药、抗变态反应药、免疫系统用药、抗肿瘤药、维生素、矿物质类药、调节水、电解质及酸碱平衡、解毒药、生物制品、皮肤科用药、眼科用药、耳鼻喉科用药、计划生育用药、儿科用药等[9]。

1.1.2.2 按生产过程分类

美国国家环保局根据制药行业的生产工艺特点和产品类型，将企业分为5个类别：发酵类（A类）、天然产品提取类（B类）、化学合成类（C类）、混装制剂类（D类）、研发类（E类）。中国环境保护部也根据制药工业污染特点将其分为6类：发酵类、化学合成类、混装试剂类、生物工程类、提取类以及中药类[9]。

A 发酵类制药

发酵类制药指通过发酵的方法产生抗生素或其他的活性成分，然后经过分离、纯化、精制等工序生产出药物的过程，按产品种类分为抗生素类、维生素类、氨基酸类和其他类。其中，抗生素类按照化学结构又分为 β-内酰胺类、氨基糖苷类、大环内酯类、四环素类、多肽类和其他。

B 化学合成类制药

化学合成类制药指采用一个化学反应或者一系列化学反应生产药物活性成分的过程，包括完全合成制药和半合成（主要原料来自提取或生物制药方法生产的中间体）制药。化学合成类制药的生产过程主要通过化学反应合成药物或对药物中间体结构进行改造得到目的产物，然后经脱保护基、分离、精制和干燥等工序得到最终产品。

化学合成类制药产生较严重污染的原因是化学合成工艺链比较长、反应步骤多，形成产品化学结构的原料只占原料消耗的 5%~15%，辅助性原料占原料消耗的绝大部分。

C 制剂类制药

制剂类制药指用药物活性成分和辅料通过混合、加工和配制，形成各种剂型药物的过程。

D 生物工程类制药

目前生物工程类制药的概念在业内也互有交叉，有关联的概念有生物药物、生化药物、生物制品、生物技术药品、微生物生化药品等。

生物药物是利用生物体、生物组织或其成分，综合应用生物学、生物化学、微生物学、免疫学、物理化学和药学的原理与方法进行加工、制造而成的一大类预防、诊断、治疗制品。广义的生物药物包括从动物、植物、微生物等生物体中制取的各类天然生物活性物质及其人工合成或半合成的天然物质类似物。但由于抗生素发展迅速，已经成为制药工业的独立门类，所以生物药物主要包括生化药品与生物制品及其相关的生物医学产品。

E 提取类制药

提取类药物是指运用物理、化学、生物化学的方法，将生物体中起重要生理作用的各种基本物质经过提取、分离、纯化等手段制造出的药物。提取类药物按药物的化学本质和结构可分为以下几类：氨基酸类药物、多肽及蛋白质类药物、酶类药物、核酸类药物、糖类药物、脂类药物以及其他类药物。

F 中药类制药

中药分为：中药材、中药饮片和中成药。其中，中药材是生产中药饮片、中成药的原料；中药饮片系根据辩证施治及调配或制剂需要，对经产地加工的净药材进一步切、炮制而成；中成药则指用于传统中医治疗的任何剂型的药品。

1.1.2.3 关于高端特色原料药与定制药

特色原料药主要是指专利即将过期的，并且在世界范围内具有突出销售水平的原料药，其生产企业通常都已掌握了能避开专利保护权限的成熟生产工艺技术。目前监管机构对于特色原料药的药品认证较为严苛，但特色原料药一旦通过认证用于生产药剂则通常都会产生较大的经济效益。21世纪合成药物发展的趋势及重点为：从药用植物中发现新的先导化合物并进行结构修饰、发明新药；组合化学技术应用到获得新化合物分子；利用药理学的进展促进化学合成药物向更加具有专一性的方向发展；利用已阐明酶、受体、蛋白的三维空间结构这些"生物靶点"进行合理药物设计；开发防治心脑血管疾病、癌症、病毒及艾滋病、老年性疾病、免疫及遗传性等重要疾病的合成药物；利用分子生物学技术、人类基因组学的研究成就，发现一类新型微量内源性物质，如活性蛋白、细胞因子等药物。

定制药主要是指合同加工外包（CMO）与医药合同定制研发生产（CDMO）模式。近年来，随着全球医药产业发展，合同加工外包与医药合同定制研发生产成为主要模式。合同加工外包主要是 CMO 企业接受制药公司的委托，进行定制生产服务，所覆盖的业务包括药品外包工艺、配方开发、临床试验用药、化学或生物合成的原料药生产、中间体制造、制剂生产（如粉剂、针剂）以及包装等服务。随着药企不断加强对成本控制和效率提升的要求，药企希望 CMO 企业能够利用自身生产设施及技术积累承担更多工艺研发、工艺改进的创新性服务职能，进一步帮助药企改进生产工艺、提高合成效率并最终降低制造成本，医药合同定制研发生产模式应运而生。CDMO 企业将自有的高附加值工艺研发能力及规模生产能力深度结合，并可通过临床试生产、商业化生产的供应模式深度对接药企的研发、采购、生产等整个供应链体系，以附加值较高的技术输出取代单纯的产能输出。

高端特色药和定制药生产过程已包含在发酵类、合成类、提取类、中药类、生物工程类和混装制剂类等所有过程及现有药用功能划分类别中，因此，本标准制定对高端特色药和定制药不再单独分类。

1.2 我国制药行业废水污染现状

历年经济统计数据、环境统计年报数据和第一次全国污染源普查数据显示，医药制造业工业产值约占全国工业总产值的2%~3%，废水排放量和COD排放量约占全国的2%~3%。2014年废水国家重点监控排污单位4001家，其中医药制造业118家，约占2.9%；废气国家重点监控排污单位3865家，其中医药制造业16家，约占0.4%[10]。

如图1-2所示，制药行业2009~2015年废水排放中COD的量分别为112589t、108353t、96792t、96452亿吨、97238亿吨和96013亿吨[10~16]。

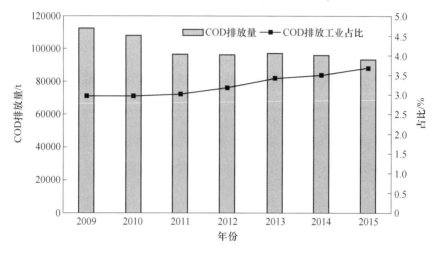

图1-2 2009~2015年制药行业废水COD排放情况

2009~2015年，制药废水COD排放量呈下降趋势，但是其占工业废水COD排放量的占比却逐年上升，2015年占工业比例达到历年来最高，为3.67%。

如图1-3所示，制药行业2009~2015年废水排放中氨氮的量分别为7105.8t、6807t、7240t、7365t、7459t和7499t，逐年上升。

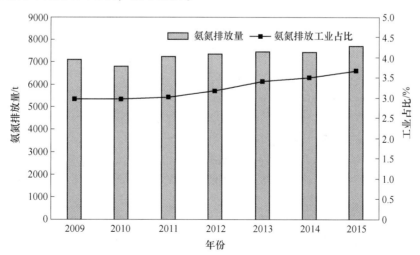

图1-3 2009~2015年制药行业废水氨氮排放情况

2009~2015 年，制药废水氨氮排放量呈上升趋势，同时其占工业废水氨氮排放量的比例也逐年上升，2015 年其工业占比达到历年来最高，为 3.94%。

由图 1-2 和图 1-3 可以看出，2009~2015 年，制药行业的废水和 COD 排放量有所降低，但是氨氮排放量绝对值与所占工业比例逐年上升。因此，制药废水的污染控制任重道远。

1.3 制药行业水污染来源及特征

制药废水是工业废水中最难处理的废水之一，以发酵类和化学合成类废水处理难度最大，其污染特征如下[9,17]：

（1）水质成分复杂。制药生产过程中，通常使用多种原料和溶剂，生产工艺复杂，生产流程较长，反应复杂，副产物多，因此废水成分十分复杂。

（2）COD 高。有些制药废水中 COD 高达几万到几十万毫克每升。这是由生产过程中原料反应不完全产生的大量副产物和大量溶剂排入水体引起的。

（3）有毒有害物含量高。废水中含有大量对微生物有毒害作用的有机污染物，如硝基化合物、卤素化合物、有机氮化合物、具有杀菌作用的分散剂或者表面活性剂等。

（4）生化性能差。制药废水中含有大量难生物降解的物质，包括抗生素及结构复杂的多环、杂环类芳香类物质，导致废水生化性能差。

（5）色度高。由于生产原料或产物含有如甾体类化合物、硝基类化合物、苯胺类化合物、哌嗪类物质，它们多数物质色度较高。有色废水阻截光线进入水体，影响水生生物生长。

（6）盐分高。制药废水的盐度变化从几千到几万毫克每升，盐度的剧烈变化对废水生化处理系统中的微生物有明显的抑制作用，甚至导致微生物死亡。

制药行业各个生产类别的特点十分明显，由此产生的废水也各自具有相应的特点。

1.3.1 发酵类制药废水

发酵类制药废水大部分属高浓度废水，酸碱性和温度变化大、碳氮比低。发酵类制药废水主要包括：（1）废滤液（从菌体中提取药物）、废发酵母液（从过滤液中提取药物）、其他废母液，其 COD 多数在 10000mg/L 以上，BOD_5/COD 在 0.3~0.5；SS 为 1000~6000mg/L；（2）各种冷却水及设备排水，这些废水 COD 通常小于 100mg/L，但水量大、季节性强企业间差异大；（3）冲洗水：COD 在 1000~10000mg/L 之间。

绝大部分发酵类制药废水含氮量高、硫酸盐浓度高、色度较高，有的发酵母液中还含有抗生素分子及其他特征污染物，为废水处理带来一定难度。此外，生物发酵过程需要大量冷却水和去离子水，冷却水排污和制水过程排水占总排水量的30%以上。发酵类制药废水主要污染因子有 COD、BOD_5、SS、pH 值、色度和氨氮等。

1.3.2 化学合成类制药废水

化学合成类制药废水大部分为高浓度有机废水，含盐量高，pH 值变化大，部分原料或产物具有生物毒性或难被生物降解，如酚类化合物、苯胺类化合物、重金属、苯系物、卤代烃等。化学合成类制药废水包括母液类废水、冲洗废水、辅助过程排水、生活污水。

其中：（1）母液类废水处理难度最大，包括各种结晶母液、转相母液、吸附残液等，COD 一般在数万毫克/升，最高可达几十万毫克/升；BOD_5/COD 一般在 0.3mg/L 以下；含盐量一般在数千毫克/升以上，最高可达数万毫克/升，乃至几十万毫克/升，多数作为危废进行处理；（2）冲洗废水包括过滤机械、反应容器、催化剂载体、树脂、吸附剂等设备及材料的洗涤水。冲洗废水浓度较母液低，COD 大概为 4000～10000mg/L，BOD_5 大概为 1000～3000mg/L，但处理难度仍然很大。辅助过程排水包括循环冷却水系统排污：水环真空设备排水、去离子水制备过程排水、蒸馏（加热）设备冷凝水等，COD 在 100mg/L 以下；另外厂区生活污水浓度较低，这两种废水都可生化降解。

化学合成类制药废水污染因子包括常规污染物和特征污染物，即 TOC、COD、BOD_5、SS、pH 值、氨氮、总氮、总磷、色度、急性毒性、总铜、挥发酚、硫化物、硝基苯类、苯胺类、二氯甲烷、总锌、总铜、总氰化物和总汞、总镉、烷基汞、六价铬、总砷、总铅、总镍等污染物。

1.3.3 制剂类制药废水

制剂类制药废水是 6 类废水中最容易处理的废水，包括纯化水、注射用水制水设备排水、工艺设备清洗废水、包装容器清洗废水、包装容器清洗废水、生活污水。其中纯化水、注射用水制水设备排水、工艺设备清洗废水 pH 值为 1～12，COD 在 0～1500mg/L 范围，较难处理；包装容器清洗废水、生活污水等废水的 COD≤400mg/L，BOD_5≤200 mg/L、氨氮≤40mg/L，可考虑生物法处理。

制剂类制药废水属中低浓度有机废水，污染因子主要有 pH 值、COD、BOD_5、SS 等。

1.3.4 生物工程类制药废水

生物工程类制药废水包括生产工艺废水、实验室废水、实验动物废水、地面清洗废水、生活污水，其中生产工艺废水、实验室废水、实验动物废水 COD 浓度高，处理难度较大，地面清洗废水、生活污水可作为稀释废水和前面的废水混合处理。

生物工程类制药废水大部分为高浓度有机废水，含盐量高；pH 值为 6～9，且 pH 值变化大，COD 在几千到 15000mg/L，BOD_5 为几十到 7000mg/L，氨氮约 10mg/L，部分原料或产物具有生物毒性或难被生物降解。污染因子包括常规污染物和特征污染物，即 TOC、COD、BOD_5、SS、pH 值、氨氮、总氮、总磷等污染物。

1.3.5 提取类制药废水

提取类废水主要包括原料清洗废水、提取废水、精制废水、地面清洗废水、生活污水，其中提取废水、精制废水、地面清洗废水成分基本相同，浓度较高，清洗废水和生活污水的浓度较低。提取废水是提取类制药废水的主要废水污染源。

提取类制药中提取的原材料中的药物活性组分含量较低，通常为万分之几。在提取过程中，大量的原材料经过多次以有机溶剂或酸碱等为底液的提取过程，体积急剧降低，药物产量非常小，废水中含有大量的有机物，COD 较高。在精制过程中会继续排放以有机物为主的废水，排水量及污染程度根据所提取产品的纯度要求和采用的工艺有所不同，但总体而言，其污染程度要比提取过程小得多。

1.3.6 中药类制药废水

中药制药废水中主要含有各种天然的有机物，其主要成分为糖类、有机酸、苷类、蒽醌、木质素、生物碱、但宁、鞣质、蛋白质、淀粉及它们的水解物等。制药废水中含有许多生物难降解的环状化合物、杂环化合物、有机磷、有机氯、苯酚及不饱和脂肪类化合物。这些物质的去除或转化是制药废水 COD 去除的重要途径。中药材废水主要污染物为高浓度有机废水污染，对于中药制药工业，药物生产过程中不同药物品种和生产工艺不同，所产生的废水水质及水量有很大的差别，而且由于产品更换周期短，随着产品的更换，废水水质、水量经常波动，极不稳定。中药废水的另一个特点是有机污染物浓度高，悬浮物尤其是木质素等密度较轻，难以沉淀的有机物含量高，色度较高，废水的可生化性较好，多为间歇排放，污水成分复杂，水质水量变化较大。

1.4 制药废水的危害

制药废水的有机污染物的浓度高、盐浓度高、难降解的有机物种类多且比例大、有毒有害物质含量高且毒性大、废水可生化性差、水质水量随时间波动性大，是一种危害极大的工业废水。未经处理或者未达到排放标准而直接进入环境，将会造成严重的危害。

（1）消耗水中的溶解氧。水中的有机物进行氧化分解，消耗水中的溶解氧。如果有机物含量过大，生物氧化分解耗氧的速率将超过水体复氧速率，水体便会缺氧或者脱氧，造成水体中好氧生物死亡、厌氧生物大量繁殖，产生甲烷、硫醇、硫化氢等物质，进一步抑制水生生物，使水体发臭。

（2）破坏水体生态平衡。制药废水中含有大量的杀菌或抑菌物质，排入受纳水体后，会影响水中藻类、细菌等微生物的正常代谢，进而破坏整个水体的生态平衡。

（3）致病性。制药废水中含有的化合物通常具有致畸、致突变的危害，排入受纳水体后不仅会造成水生动植物的中毒和水生环境的恶化，而且还会通过水体、大气和水生生物的传递间接威胁人类的健康。另外，废水中的有机物通常是难降解有机物，具有长期残留性，逐渐在环境中富集，进而影响人类的健康。

2 制药行业废水污染物源解析

2.1 制药行业废水污染物解析流程

制药行业的废水污染物解析流程如图 2-1 所示。

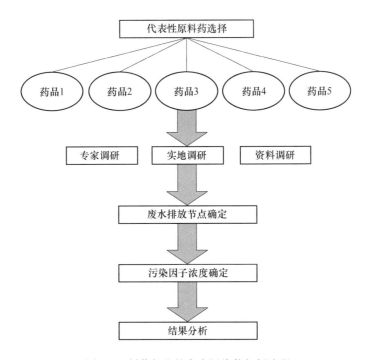

图 2-1 制药行业的废水污染物解析流程

制药工业废水污染物解析工作流程主要分为以下几步：

（1）确定分析原料药种类。制药工业药品种类繁多，首先应该确定具有代表性的药品种类，它们具有一定的市场覆盖率和行业代表性。

（2）调研。确定药品种类后，依靠资料调研、专家学者咨询和实地调研，了解行业污染现状和生产工艺流程。

（3）制药工业产排污节点确定。依据调研结果，确定典型生产路线的产排污节点，确定研究内容。

（4）污染因子及浓度确定。针对各产排污节点，确定废水排放量和主要污染因子的成分以及浓度。

（5）分析结果。根据以上结果，对研究内容进行分析总结，形成污染源解析报告。

2.2　污染因子浓度确定方法

制药行业关注污染因子浓度主要参考制药行业废水排放标准[18~23]。

2.3　污染因子排放特征分析方法

对于有明确排放指标的污染因子，主要采用等标污染物负荷法分析；其他未有明确的制药废水中的污染物，主要考虑其产生的环节和污染贡献率。

2.3.1　等标污染物负荷法定义

等标污染物负荷法是以污染物排放标准或对应的环境质量标准作为评价准则，将不同污染源排放的各种污染物测试统计数据进行标准化处理后，计算得到不同污染源和各种污染物的等标污染负荷值及等标污染负荷比，从而获得同一尺度上可以相互比较的量[24]。

2.3.2　计算方法

等标污染负荷计算方法如下[25]：

（1）某一工序某一污染物的等标污染负荷。

$$P_{ij} = \frac{C_{ij}}{C_{oj}} \times Q_{ij} \tag{2-1}$$

式中，P_{ij} 为 i 污染物在 j 工序的等标污染负荷；C_{ij} 为 i 污染物在 j 工序的实测浓度，mg/L；C_{oj} 为 j 污染物的排放标准，mg/L；Q_{ij} 为含 i 污染物在 j 工序的排放量，m³。

（2）某一工序所有污染物的等标污染负荷之和，即为该工序的等标污染负荷之和 P_{nj}，按式（2-2）计算。

$$P_{ij} = \sum_{i=1}^{n} P_{ij} = \sum_{i=1}^{n} \frac{C_{ij}}{C_{oi}} \times Q_{ij} \tag{2-2}$$

（3）某污染物在所有工序的等标污染负荷之和，即为该污染物的等标污染负荷之和 P_{ni}，按式（2-3）计算。

$$P_{ni} = \sum_{j=1}^{n} P_{ij} = \sum_{j=1}^{n} \frac{C_{ij}}{C_{oi}} \times Q_{ij} \tag{2-3}$$

（4）污染物负荷比。

1）某一工序污染物的等标污染负荷之和 P_{nj} 占所有工序等标污染负荷综合 $P_{j总}$ 的百分比，称为该工序的等标污染负荷比 K_j，按式（2-4）计算。

$$K_j = \frac{P_{nj}}{P_{j总}} \times 100\% \tag{2-4}$$

2）某一污染物的等标污染负荷之和 P_{ni} 占所有工序等标污染负荷综合 $P_{i总}$ 的百分比，称为该污染物的等标污染负荷比 K_i，按式（2-5）计算。

$$K_i = \frac{P_{ni}}{P_{i总}} \times 100\% \tag{2-5}$$

2.4 制药行业典型大宗原料药污染源解析

2.4.1 典型大宗原料药物选择依据

制药行业与其他行业的区别在于典型大宗原料药的种类繁多、分散度较高、规模较小。每种原料药生产原料、工艺路线各有差异，导致产生的废水产量、特征污染物差异巨大。单种药品废水难以反映整个制药原料药的现状。表 2-1 中显示了我国 2017 年千吨以上的大宗原料种类以及产量，可以看出，千吨以上的原料药种类为 73 种[26,27]。

表 2-1 我国 2017 年度大宗原料药产量

类　别	序号	产品名称	产量/t	出口/t
维生素类药物	1	维生素 C	119408.9	73841.4
解热镇痛类药物	2	对乙酰氨基酚	67744.6	23508.2
维生素类药物	3	维生素 E	52028.9	12825.7
维生素类药物	4	维生素 E 粉	33559.0	26087.0
中间体	5	6APA	32780.4	335.9
抗感染类药物	6	阿莫西林	26160.5	4440.2
消化系统药物	7	牛磺酸	21113.4	17820.3
中枢神经系统药物	8	咖啡因	16215.5	14351.4
中间体	9	山梨醇	14868.0	5298.8
维生素类药物	10	维生素 C 磷酸酯	13183.1	4242.1
中间体	11	青霉素工业盐	11980.9	5383.8
消化系统药物	12	甘油	11164.8	0.0
解热镇痛类药物	13	布洛芬	10314.6	7693.5
酶及其他生化类药物	14	苏氨酸	8752.3	76.8
解热镇痛类药物	15	安乃近	8649.9	7057.1
酶及其他生化类药物	16	丙氨酸	8351.5	87.3
维生素类药物	17	维生素 C 钠	8153.2	6181.6
抗感染类药物	18	土霉素	7353.0	238.0
解热镇痛类药物	19	对乙酰氨基酚颗粒	6927.9	5572.9
维生素类药物	20	维生素 B1	6882.0	3293.9
解热镇痛类药物	21	阿司匹林	6872.6	4110.6
维生素类药物	22	维生素 B6	6826.3	3831.4
酶及其他生化类药物	23	亮氨酸	6323.7	4893.9
计划生育及激素类药物	24	二甲双胍	5882.7	3350.3
酶及其他生化类药物	25	半胱氨酸	4273.0	5042.7
中间体	26	7ACA	4106.8	346.6
维生素类药物	27	维生素 C 颗粒	4088.5	2944.4
酶及其他生化类药物	28	精氨酸	3953.8	5775.2
消化系统药物	29	肌醇	3810.5	1121.0

类　别	序号	产品名称	产量/t	出口/t
中间体	30	氨苄三水酸	3328.7	368.1
维生素类药物	31	维生素A粉	3190.0	1420.0
中枢神经系统药物	32	吡拉西坦	3186.9	943.6
中间体	33	硫氰酸红霉素	2961.9	0.0
酶及其他生化类药物	34	谷氨酸	2948.4	167.0
抗感染类药物	35	新霉素	2901.0	1649.4
抗感染类药物	36	头孢曲松钠	2641.6	807.3
抗感染类药物	37	盐酸多西环素	2628.8	1474.6
中间体	38	头孢曲松粗盐	2564.1	18.0
酶及其他生化类药物	39	异亮氨酸	2444.9	710.9
消化系统药物	40	碳酸氢钠	2376.4	0.0
抗感染类药物	41	青霉素钠	2291.8	37.5
酶及其他生化类药物	42	结氨酸	2262.2	616.7
酶及其他生化类药物	43	盐酸赖氨酸	2131.8	206.4
酶及其他生化类药物	44	色氨酸	2055.7	19.4
解热镇痛类药物	45	氨基比林	2029.8	6.4
维生素类药物	46	维生素B2	2000.9	0.0
维生素类药物	47	维生素A	1952.3	5.1
抗感染类药物	48	林可霉素	1858.0	783.2
抗感染类药物	49	头孢氨苄	1791.2	311.4
酶及其他生化类药物	50	发酵虫草菌粉	1766.5	0.0
消化系统药物	51	硫糖铝	1756.7	748.8
抗感染类药物	52	甲氧苄啶	1645.2	1192.9
抗感染类药物	53	氨苄西林	1572.7	275.3
消化系统药物	54	葡醛内酯	1538.4	1297.3
抗感染类药物	55	克拉维酸钾（棒酸钾）	1524.2	484.8
维生素类药物	56	维生素C钙	1518.0	825.7
抗感染类药物	57	头孢拉定	1464.6	105.3
抗感染类药物	58	磺胺甲恶唑	1456.4	1024.9
抗感染类药物	59	青霉素V钾	1452.5	78.7
抗感染类药物	60	盐酸土霉素	1418.7	994.8
抗感染类药物	61	阿奇霉素	1409.1	823.6
消化系统药物	62	左卡尼汀	1371.4	752.2
抗感染类药物	63	多黏菌素B	1353.0	549.0
抗感染类药物	64	硫酸链霉素	1309.3	729.7
解热镇痛类药物	65	非那西汀	1260.8	26.3
抗感染类药物	66	拉米夫定	1253.4	293.2

类　别	序号	产品名称	产量/t	出口/t
抗感染类药物	67	普鲁卡因青霉素	1227.7	738.3
心血管类药物	68	氯沙坦钾	1226.3	488.7
心血管类药物	69	缬沙坦	1181.3	586.8
抗感染类药物	70	左氧氟沙星	1134.8	302.3
维生素类药物	71	生物素	1076.8	16.4
抗感染类药物	72	头孢哌酮钠	1043.2	9.5
解热镇痛类药物	73	萘普生钠	1005.8	616.7

在参考 73 种药品以及药品同质化考虑后，选择维生素 C、青霉素、链霉素、头孢唑林钠以及头孢氨苄作为主要研究对象，进行污染源解析。

2.4.2　维生素 C 生产工艺水污染解析

2.4.2.1　生产工艺流程及排污节点

维生素 C（Vitamin C），又称 L-抗坏血酸（L-Ascorbic Acid），化学名称是 L-2，3，5，6-四羟基-2-己烯酸-γ-内酯，是一种重要的维生素类药物和营养剂，在医药和食品工业中均有重要用途。2014 年，中国维生素 C 产能达 18 万吨，占全球 80% 以上，具有产业优势和全球垄断的能力[28,29]。

国外维生素 C 生产企业主要有荷兰帝斯曼（DSM）和俄罗斯贝尔格罗公司，其中荷兰帝斯曼（DSM）英格兰 Dalry 工厂年生产量 2.3 万吨。俄罗斯贝尔格罗公司年产量约 3000t。

国内主要维生素 C 生产企业 12 家，主要集中在河北、山东、河北、内蒙古、河南、黑龙江等省。国内维生素 C 主要的生产企业及生产能力见表 2-2。

表 2-2　我国主要维生素 C 企业分布及生产能力

序号	生产企业	生产能力/t	所在地区
1	维生药业（石家庄制药集团）	35000	河北石家庄
2	山东鲁维制药有限公司	30000	山东淄博
3	维尔康药业（华北制药集团）	23000	河北石家庄
4	东北制药集团股份有限公司	22000	辽宁沈阳
5	帝斯曼江山制药（江苏）有限公司	20000	江苏靖江市
6	山东天力药业有限公司	20000	山东寿光
7	郑州拓洋制药实业有限公司	10000	河南郑州
8	山东淄博华龙制药有限公司	10000	山东淄博
9	呼伦贝尔北方药业有限公司	8000	内蒙古呼伦贝尔
10	安徽泰格生物技术股份有限公司	5000	安徽蚌埠
11	山东润鑫精细化工有限公司	3000	山东菏泽
12	牡丹江高科生化有限公司	1000	黑龙江牡丹江市

目前，国内维生素 C 销售以出口为主，80%～90%销往欧美国家，国内年消耗量大约为 1 万吨。

1938 年，Reichstcin 首次人工合成维生素 C，国外生产企业均采用莱氏法，主要流程如图 2-2 所示。

$$D\text{-葡萄糖} \xrightarrow[\text{高压}]{H_2/cat} D\text{-山梨醇} \xrightarrow[\text{[O]}]{\text{黑醋菌}} L\text{-山梨糖} \xrightarrow[H_2SO_4·SO_4]{CH_3COCH} 双丙酮\text{-}L\text{-山梨糖} \xrightarrow[Na_2SO_4]{NaOCl}$$

$$双丙酮\text{-}2\text{-酮-}L\text{-古洛糖酸} \xrightarrow{H_2O} 2\text{-酮-}L\text{-古洛糖酸} \xrightarrow{\text{化学转化}} 维生素C$$

图 2-2　维生素莱氏制备法主要流程

该生产工艺消耗丙酮、次氯酸钠、硫酸镍、硫酸等化工原料，消耗量大且工艺过程长。目前，只有 DSM 公司 Dalry 工厂采用该工艺。而俄罗斯贝尔格罗公司采用古洛酸为起始原料，化学转化方法生产成品维生素 C。

维生素 C 发酵生产以生物氧化部分代替化学氧化，以山梨醇作原料为起始，生产过程包括发酵、提取、转化和精制 4 个主要工段步骤。

目前，国内企业全部采用"二步发酵法"生产工艺，该工艺在行业内覆盖率100%，各生产企业生产流程、核心设备及操作原理基本相同。

主要生产流程如图 2-3～图 2-7 所示。

根据工艺流程图 2-7 及排污节点，维生素 C 主要产污节点及排污量和主要污染物汇总见表 2-3。

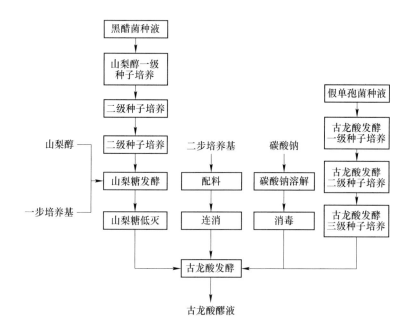

图 2-3　维生素 C 发酵生产工艺流程

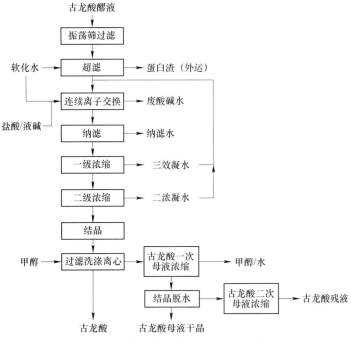

图 2-4 维生素 C 提取生产工艺流程

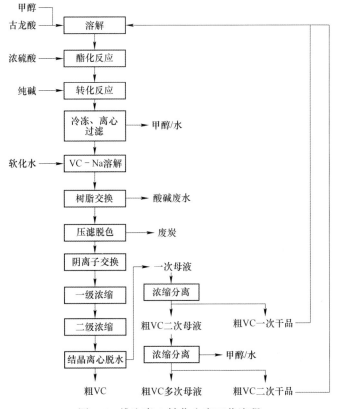

图 2-5 维生素 C 转化生产工艺流程

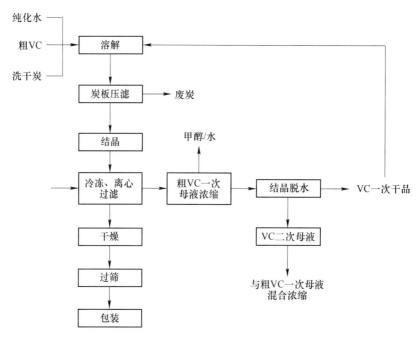

图 2-6 维生素 C 精制生产工艺流程

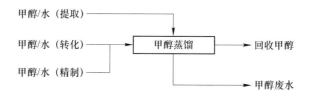

图 2-7 维生素 C 甲醇回收生产工艺流程

表 2-3 维生素 C 废水排污节点及污染特征分析

废水名称	产生节点	每吨产品废水产生量/t	主要成分
一步发酵罐清洗水	发酵工段	0.247	山梨糖、菌体蛋白等
两步发酵罐清洗水	发酵工段	0.289	古龙酸钠、菌体蛋白等
染菌放罐及清洁水	发酵工段	0.231	山梨糖、菌体蛋白、其他代谢物等
酸碱废水	提取工段	50.528	H^+、Cl^-、Na^+、菌体蛋白、古龙酸等
清洁及其他排放	提取工段	0.448	古龙酸等
酸碱废水	转化工段	34.975	H^+、Cl^-、Na^+、菌体蛋白、维生素 C 等
二浓凝水	转化工段	2.740	有机酸
废炭水	转化工段	0.216	活性炭、维生素 C 等
色谱废水	转化工段	0.706	维生素 C、古龙酸、古龙酸甲酯等
现场清洁用水	转化工段	0.312	维生素 C、古龙酸等
甲醇回收废水	甲醇回收	3.679	甲醇、其他降解产物、聚合糖类等
纯化水、高盐水	精制工段	2.664	金属离子、无机盐
含炭废水	精制工段	0.137	活性炭、维生素 C 等

续表 2-3

废水名称	产生节点	每吨产品废水产生量/t	主要成分
现场清洁用水	精制工段	2.233	维生素 C、甲醇、H$^+$ 等
循环水排水	各工段	8.198	金属离子、无机盐

维生素 C 生产过程中产生其他废弃物还包括发酵蛋白渣、古龙酸和精制多次母液、废炭水等，见表 2-4。

表 2-4　维生素 C 生产废弃物节点及污染特征分析

生产废弃物	产生节点	每吨产品废弃物产生量/t	主要污染物
发酵蛋白渣	提取工段	1.1634	古龙酸钠、菌体蛋白
古龙酸残液	提取工段	0.1749	古龙酸、菌体蛋白、胶体等
废炭	精制、转化工段	0.0195	活性炭、其他降解产物等
多次母液	精制工段	0.4254	维生素 C、古龙酸、胶体等

2.4.2.2　污染排放特征

维生素 C 废水包括低浓度废水和高浓度废水，其中高浓度废水包括发酵菌丝体废水、提取母液（古龙酸母液）、转化母液及蒸馏残液、精制母液等废液；低浓度废水主要包括酸洗废水、碱洗废水和车间冲洗水等。

其废水特点如下：

（1）COD 浓度高、成分复杂。

（2）水质、水量变化大，且高浓度废水间歇排放。

（3）混合废水水质偏酸性。

（4）色度高，且为真色。

（5）带有异味。

（6）含有一些代谢抑制和惰性物质，同时含有一定量的钠离子和钾离子，处理难度较大。

根据排污节点与主要污染成分，维生素 C 生产过程主要废水水质见表 2-5。

表 2-5　维生素 C 生产过程主要废水水质

工段	废水名称	主要污染物	pH 值	COD$_{Cr}$/mg·L^{-1}
发酵	菌丝体废水	菌丝体	1~2	35000~50000
	洗罐水	山梨酸、蛋白质、古龙酸钠	1~3	30000~50000
提取	酸洗废水	无机盐、有机物等	1~2	1000~3000
	碱洗废水	无机盐、有机物等	9~10	1000~3000
	古龙酸母液	古龙酸、蛋白质	1	100000~1000000
转化	转化母液	甲醇、VC	1~2	3000~10000
精制	精制母液	VC 等有机物	1~2	3000~10000

2.4.2.3　小结

根据调研,"二步法"维生素 C 用水、排水比例以及 COD 污染排放如图 2-8~图 2-10 所示。

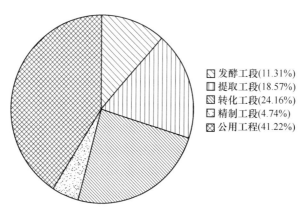

发酵工段(11.31%)
提取工段(18.57%)
转化工段(24.16%)
精制工段(4.74%)
公用工程(41.22%)

图 2-8　"二步法"维生素 C 各用水环节分析

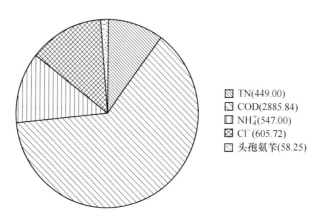

TN(449.00)
COD(2885.84)
NH_4^+(547.00)
Cl^-(605.72)
头孢氨苄(58.25)

图 2-9　"二步法"维生素 C 各排水环节分析

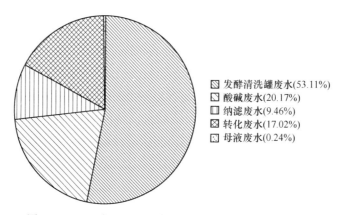

发酵清洗罐废水(53.11%)
酸碱废水(20.17%)
纳滤废水(9.46%)
转化废水(17.02%)
母液废水(0.24%)

图 2-10　"二步法"维生素 C 各环节 COD 排放比例分析

由图 2-8 和图 2-9 可知,维生素 C 生产工艺用水和排水的最大值均为提取阶段,排水污染负荷最大的为发酵清洗罐废水阶段。

2.4.3 链霉素生产工艺水污染解析

2.4.3.1 生产工艺及排污节点

A 硫酸链霉素生产工艺及排污节点

硫酸链霉素使用灰色链霉菌,以碳、氮、磷源为培养基,在适宜的温度下进行通气搅拌培养,经过四级或三级发酵生物合成链霉素。

发酵液用水稀释,经过滤除去大量不溶性菌丝体、碱性蛋白、钙镁离子、培养基残渣等杂质,得到符合离子交换工艺要求的链霉素原液。

原液中的链霉素在水溶液中水解离成三价阳离子,经过离子交换树脂除去链霉胍、链霉胺等有机杂质和无机盐,得到提纯液。提纯液先经脱色,除去色素后经浓缩,再经超滤工艺去除内毒素,得到符合质量标准的成品液。成品浓缩液经过滤除菌,在一定的压力下,借助压缩空气的作用迅速雾化,并立即被热空气干燥,形成白色或类白色的粉末成品。

生产过程中,发酵工段工艺及设备洗涤均采用自来水,原液经吸附后树脂洗涤采用所有工艺及设备洗涤用软化水,精制工段工艺及设备洗涤采用去离子水。

硫酸链霉素主要生产工艺及排污节点如图 2-11 所示。

B 硫酸双氢链霉素生产工艺及排污节点

硫酸双氢链霉素使用灰色链霉菌,以碳、氮、磷源为培养基,在适宜的温度下进行通气搅拌培养,经过四级或三级发酵生物合成链霉素。

发酵液用水稀释,经过滤除去大量不溶性菌丝体、碱性蛋白、钙镁离子、培养基残渣等杂质,得到符合离子交换工艺要求的链霉素原液。

原液中的链霉素在水溶液中水解离成三价阳离子,经过离子交换树脂除去双氢链霉胍、链霉胺等不含醛基的有机杂质和无机盐,解析后得到解析液。解析液双氢化后得到硫酸双氢链霉素氢化液。氢化液经过离子交换树脂去除一部分杂质及无机离子,得到提纯液。提纯液先经脱色,除去色素后经浓缩,再经超滤工艺去除内毒素,得到符合质量标准的成品液。成品浓缩液经过滤除菌,在一定的压力下,借助压缩空气的作用迅速雾化,并立即被热空气干燥,形成白色或类白色的粉末成品。

硫酸双氢链霉素主要生产工艺及排污节点如图 2-12 所示。

2.4.3.2 污染排放特征

根据对某企业硫酸链霉素和双氢链霉素生产工艺各阶段废水取样分析,并同时统计各股废水的排放量。排放量及重点环节水质见表 2-6 和表 2-7。

根据该企业的产量,对数据进行归一化处理,对重点污染物 COD、硫酸链霉素和双氢链霉素在废水中的节点进行了分析总结,对于重点污染物在整个工艺环节中分布与贡献见表 2-8。

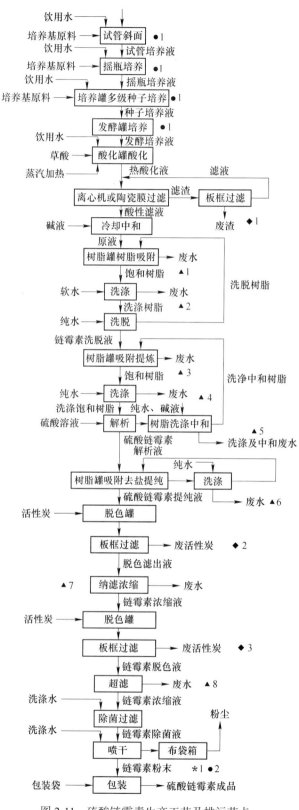

图 2-11　硫酸链霉素生产工艺及排污节点

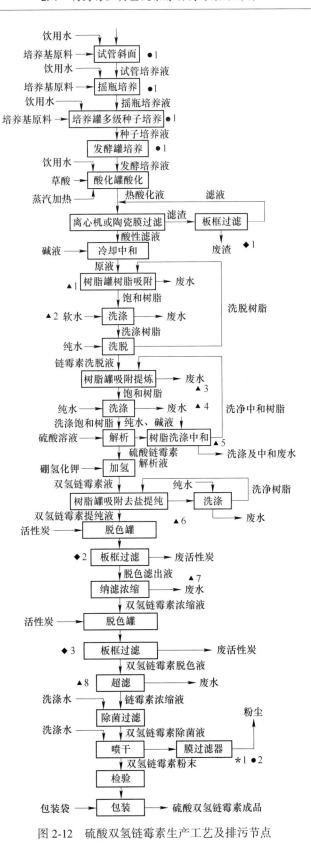

图 2-12 硫酸双氢链霉素生产工艺及排污节点

表2-6　链霉素发酵液水质、水量表 (1)

序号	废水名称	所在工序	pH值	电导率/mS·cm⁻¹	浓度/mg·L⁻¹						
					COD	NH_4^+	Cl^-	SO_4^{2-}	NO_3^-	链霉素	双氢链霉素
1	链霉素发酵液	发酵	4.18	3.83	13229.0		87.3	1859.8	—	—	—
2	板框过滤滤布洗水	发酵	6.78	0.953	298.4	43.1	45.2	100.1	—	—	—
3	菌渣干燥滤液	发酵	5.33	15.16	18880	225.4	3270.3	584.2	—	97.0	49.5
4	122通碱废水	提取	13.56	245	2370	50.5	71.7	104.7	—	21.3	—
5	122解析后洗涤废水	提取	3.57	0.147	—		5.7	24.8	—	16.5	—
6	152通碱废水	提取	13.34	91.9	—	4.9	97.9	155.2	—	—	—
7	152通酸废水	提取	-0.10	717	18290		132175	5889.1	109.5	—	—
8	152吸附废水	提取	6.38	7.31	3748.8	98.6	75.4	2.49	—	—	—
9	303通碱废水	提纯	11.95	3.72	136.3		19.2	25.3	—	6.5	—
10	303通酸废水	提纯	2.07	3.91	19.3		232.7	285.8	—	12.1	—
11	303吸附废水	提纯	10.25	0.21	55.3		10.9	58.2	—	12.3	—
12	链霉素纳滤纳透过水	浓缩	3.42	0.41	638	2.2	16.2	198.6	—	738.6	—
13	双氢122通碱废水	双氢提取	2.32	2.0	135.6		50.0	269.1	5.46	—	5.0
14	双氢122洗酸废水	双氢提取	0.95	67.5	—		32.4	17890	—	—	>200
15	双氢150通碱废水	双氢提取	7.38	0.58	811.1		43.5	96.1	—	—	—
16	双氢150通酸废水	双氢提取	0.80	156.3	30.7		420.7	877.5	—	—	5.8
17	双氢703通酸废水	双氢提取	0.60	242	10720		54.2	84167	—	—	59.6
18	双氢703解析后洗涤废水	双氢提取	1.77	5.07	—		5.2	995.7	—	—	—
19	双氢110吸附废水	双氢提取	7.94	6.92	278	6.8	34.5	3386.8	—	—	112.9
20	双氢纳透过水	浓缩	4.00	0.83	2617.5	178.0	10.1	758.7	—	—	2964.5
21	混合床通碱废水	提纯	13.42	226	1940		221.9	158.2	—	—	—
22	混合床通酸废水	提纯	0.55	233	2890		3302.4	80939	—	—	—

表 2-7 链霉素发酵液水质、水量表（2）

（mg/L）

序号	废水名称	产生工序	去向	排放特征	废水产生量（每批次）/t
1	板框过滤滤布洗水	发酵	污水处理厂	间歇排放	5
2	菌渣干燥滤液	发酵	污水处理厂	间歇排放	20t/d
3	122 通碱废水	提取	污水处理厂	间歇集中排放	15
4	122 解析后洗涤废水	提取	污水处理厂	间歇集中排放	30
5	152 通碱废水	提取	污水处理厂	间歇集中排放	20
6	152 通酸废水	提取	污水处理厂	间歇集中排放	15
7	152 吸附废水	提取	污水处理厂	连续排放	230
8	303 通碱废水	提纯	污水处理厂	间歇集中排放	15
9	303 通酸废水	提纯	污水处理厂	间歇集中排放	15
10	303 吸附废水	提纯	污水处理厂	间歇集中排放	25
11	链霉素钠纳滤透过水	浓缩	污水处理厂	间歇集中排放	8
12	双氢 122 通碱废水	双氢提取	污水处理厂	间歇集中排放	15
13	双氢 122 洗酸废水	双氢提取	污水处理厂	间歇集中排放	20
14	双氢 150 通碱废水	双氢提取	污水处理厂	间歇集中排放	15
15	双氢 150 通酸提取废水	双氢提取	污水处理厂	间歇集中排放	15
16	双氢 703 通酸废水	双氢提取	污水处理厂	间歇集中排放	10
17	双氢 703 解析后洗涤废水	双氢提取	污水处理厂	连续排放	250
18	双氢 110 吸附废水	浓缩	污水处理厂	间歇集中排放	8
19	双氢纳滤透过水	提纯	污水处理厂	间歇集中排放	20
20	混合床通碱废水	提纯	污水处理厂	间歇集中排放	15

表2-8　硫酸链霉素废水排污节点COD和链霉素贡献

序号	废水名称	废水产生量 /t·a⁻¹	COD浓度 /mg·L⁻¹	COD排放量 /t·a⁻¹	氨氮浓度 /mg·L⁻¹	氨氮排放量 /t·a⁻¹	Cl⁻浓度 /mg·L⁻¹	Cl⁻排放量 /t·a⁻¹	SO₄²⁻浓度 /mg·L⁻¹	SO₄²⁻排放量 /t·a⁻¹	硫酸链霉素排放浓度 /mg·L⁻¹	硫酸链霉素排放量 /t·a⁻¹	硫酸双氢链霉素排放浓度 /mg·L⁻¹	硫酸双氢链霉素排放量 /t·a⁻¹
1	板框过滤滤布洗水	650	298.4	0.1940	43.1	0.0280	45.2	0.0294	100.1	0.0651	—	—	—	—
2	菌渣干燥滤液	7300	18880	137.8	225.4	1.6454	3270.3	23.8732	584.2	4.2647	97.0	0.7081	49.5	0.3614
3	122通碱废水	1950	2370	4.6215	50.5	0.0985	71.7	0.1398	104.7	0.2042	21.3	0.04154	—	—
4	122解析后洗涤废水	3900	—	—	—	—	5.7	0.0222	24.8	0.0967	16.5	0.0644	—	—
5	152通碱废水	2600	—	—	4.9	0.01274	97.9	0.2545	155.2	0.4035	—	—	—	—
6	D152通碱废水	1950	18290	35.666	—	—	132175	257.74	5889.1	11.483	—	—	—	—
7	152吸附废水	29900	3748.8	112.0891	98.6	2.948	75.4	2.2545	2.49	0.0745	—	—	—	—
8	D303通碱废水	1950	136.3	0.2658	—	—	19.2	0.0374	25.3	0.0493	6.5	0.0127	—	—
9	D303通酸废水	1950	19.3	0.0376	—	—	232.7	0.4538	285.8	0.5573	12.1	0.0236	—	—
10	D303吸附废水	3250	55.3	0.1797	—	—	10.9	0.0354	58.2	0.1892	12.3	0.0399	—	—
11	链霉素纳滤过水	1040	638	0.6635	2.2	0.002288	16.2	0.016848	198.6	0.206544	738.6	0.768144	—	—
12	双氢122通碱废水	1950	135.6	0.26442	—	—	50	0.0975	269.1	0.524745	—	—	5.0	0.00975
13	双氢122洗涤废水	1950	—	—	—	—	32.4	0.06318	17890	34.8855	—	—	>200	0.39
14	双氢150通碱废水	2600	811.1	2.1089	—	—	43.5	0.1131	96.1	0.2499	—	—	—	—
15	双氢150通酸废水	1950	30.7	0.05987	—	—	420.7	0.8204	877.5	1.7111	—	—	5.8	0.01131
16	双氢703通碱废水	1950	10720	20.904	—	—	54.2	0.1057	84167	164.1257	—	—	59.6	0.11622
17	双氢703解析后洗涤废水	1300	—	—	—	—	5.2	0.00676	995.7	1.29441	—	—	—	—
18	双氢110废液	32500	278	9.035	6.8	0.221	34.5	1.1213	3386.8	110.071	—	—	112.9	3.6693
19	双氢纳滤透过水	1040	2617.5	2.7222	178	0.18512	10.1	0.010504	758.7	0.789048	—	—	2964.5	3.0831
20	混合床通碱废水	2600	1940	5.044	—	—	221.9	0.57694	158.2	0.41132	—	—	—	—
21	混合床1×25通酸废水	1950	2890	5.6355	—	—	3302.4	6.4397	80939	157.8311	—	—	—	—
	合　计			337.31		5.14		294.21		489.49		1.658		7.641

2.4.3.3 小结

A 链霉素废水主要污染指标等标污染负荷比

根据等标污染负荷计算法，计算各节点 COD 和氨氮等标污染负荷比见表 2-9。

表 2-9 硫酸链霉素废水排污节点 COD 和氨氮等标污染负荷比

序号	废水名称	COD 等标污染负荷 $P_{ij}/t \cdot a^{-1}$	氨氮 等标污染负荷 $P_{ij}/t \cdot a^{-1}$	序号	废水名称	COD 等标污染负荷 $P_{ij}/t \cdot a^{-1}$	氨氮 等标污染负荷 $P_{ij}/t \cdot a^{-1}$
1	板框过滤滤布洗水	1616.333	800.4286	12	双氢 122 通碱废水	2203.5	0
2	菌渣干燥滤液	1148533	47012	13	双氢 122 洗酸废水	0	0
3	122 通碱废水	38512.5	2813.571	14	双氢 150 通碱废水	17573.83	0
4	122 解析后洗涤废水	0	0	15	双氢 150 通酸废水	498.875	0
5	152 通碱废水	0	364	16	双氢 703 通酸废水	174200	0
6	D152 通酸废水	297212.5	0	17	双氢 703 解析后洗涤废水	0	0
7	152 吸附废水	934076	84232.57	18	双氢 110 废液	75291.67	6314.286
8	D303 通碱废水	2214.875	0	19	双氢纳滤透过水	22685	5289.143
9	D303 通酸废水	313.625	0	20	混合床通碱废水	42033.33	0
10	D303 吸附废水	1497.708	0	21	混合床 1×25 通酸废水	46962.5	0
11	链霉素纳滤透过水	5529.333	65.37143				

B 链霉素废水各节点污染贡献率

通过计算 COD、硫酸链霉素和双氢链霉素的排放量等，得到的各结果如图 2-13～图 2-18 所示。

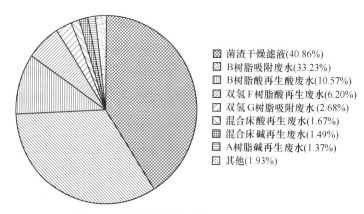

菌渣干燥滤液(40.86%)
B树脂吸附废水(33.23%)
B树脂酸再生酸废水(10.57%)
双氢F树脂酸再生废水(6.20%)
双氢G树脂吸附废水(2.68%)
混合床酸再生废水(1.67%)
混合床碱再生废水(1.49%)
A树脂碱再生废水(1.37%)
其他(1.93%)

图 2-13　链霉素生产工艺 COD 排放量分布

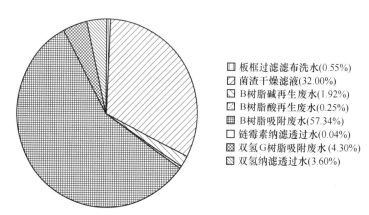

板框过滤滤布洗水(0.55%)
菌渣干燥滤液(32.00%)
B树脂碱再生废水(1.92%)
B树脂酸再生废水(0.25%)
B树脂吸附废水(57.34%)
链霉素纳滤透过水(0.04%)
双氢G树脂吸附废水(4.30%)
双氢纳滤透过水(3.60%)

图 2-14　链霉素生产工艺氨氮排放量分布

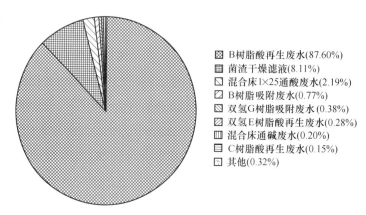

B树脂酸再生废水(87.60%)
菌渣干燥滤液(8.11%)
混合床1×25通酸废水(2.19%)
B树脂吸附废水(0.77%)
双氢G树脂吸附废水(0.38%)
双氢E树脂酸再生废水(0.28%)
混合床通碱废水(0.20%)
C树脂酸再生废水(0.15%)
其他(0.32%)

图 2-15　链霉素生产工艺 Cl⁻ 排放量分布

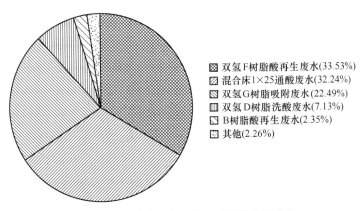

图 2-16　链霉素生产工艺硫酸根排放量分布

双氢F树脂酸再生废水(33.53%)
混合床1×25通酸废水(32.24%)
双氢G树脂吸附废水(22.49%)
双氢D树脂洗酸废水(7.13%)
B树脂酸再生废水(2.35%)
其他(2.26%)

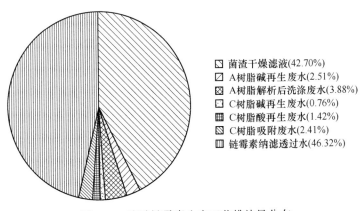

图 2-17　硫酸链霉素生产工艺排放量分布

菌渣干燥滤液(42.70%)
A树脂碱再生废水(2.51%)
A树脂解析后洗涤废水(3.88%)
C树脂碱再生废水(0.76%)
C树脂酸再生废水(1.42%)
C树脂吸附废水(2.41%)
链霉素纳滤透过水(46.32%)

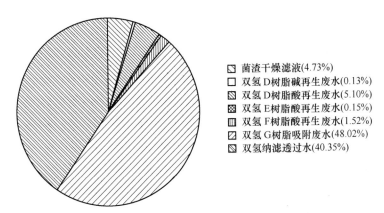

图 2-18　硫酸双氢链霉素生产工艺排放量分布

菌渣干燥滤液(4.73%)
双氢D树脂碱再生废水(0.13%)
双氢D树脂酸再生废水(5.10%)
双氢E树脂酸再生废水(0.15%)
双氢F树脂酸再生废水(1.52%)
双氢G树脂吸附废水(48.02%)
双氢纳滤透过水(40.35%)

由图 2-13~图 2-18 可以发现：

（1）COD 排放量较大的几股废水依次为：菌渣干燥滤液（40.86%）、链霉素 B 树脂吸附废水（33.23%）、链霉素 B 树脂酸再生废水（10.57%）。

（2）氨氮排放量较大的几股废水依次为：B 树脂吸附废水（57.34%）、菌渣干燥滤液（32.00%）。

（3）Cl⁻ 排放量较大的几股废水依次为：链霉素 B 树脂酸再生废水（87.60%）、菌渣干燥滤液（8.11%）。

（4）硫酸根排放量较大的几股废水依次为：双氢 F 树脂酸再生废水（33.53%）、混合床通酸废水（32.24%）、双氢 G 树脂吸附废水（22.49%）。

（5）硫酸链霉素排放量较大的废水：链霉素纳滤透过液（46.32%）、菌渣干燥滤液（42.70%）。

（6）硫酸双氢链霉素排放量较大的废水：双氢 G 树脂吸附废水（48.02%）、双氢纳滤透过水（40.35%）。

2.4.4 青霉素生产工艺水污染解析

2.4.4.1 生产工艺及排污节点

青霉素是青霉菌在生长代谢过程中的一种次级代谢产物，采用三级发酵，分为种子培养和发酵培养两个阶段。将孢子接种到固体培养基上，繁殖一段时间后，接种在小米基质上，产生大量米孢子，供种子罐接种使用。将米孢子接种到灭菌后含有玉米浆、白砂糖等的培养基的种子罐后，在一定温度和不断供给无菌空气条件下，经过培养作为种子。发酵罐的培养基主要有玉米浆、玉米蛋白粉、液糖以及无机盐等，灭菌后将种子液接入进行发酵，连续加入液糖、硫酸铵、氨水和合成苄基青霉素所必需的的苯乙酸前体，并通入无菌空气，整个发酵过程严格控制在纯种发酵状态，控制好一定的罐压和温度，经过一定时间的培养。结束发酵后放罐即得到青霉素发酵液，供下道工序提取制备产品。

将发酵培养液加入一定量絮凝剂，使蛋白质凝集析出，经真空转鼓过滤除去菌丝，经冷却便得到澄清低温青霉素原液，供下道工序提取制备使用。

以生产青霉素钾为例，青霉素钾提取是利用青霉素在不同的 pH 值条件下以不同的化学形态——青霉素游离酸和青霉素盐类存在，在水和有机溶媒中利用溶解度的差别经过反复萃取转移分离，达到浓缩和提纯的目的，最后将青霉素提取到乙酸丁酯中，根据青霉素游离酸和碳酸钾进行复分解反应的原理得到青霉素钾结晶体，经过滤、丁醇洗涤、真空干燥，获得青霉素钾原料产品。青霉素的生产工艺及排污节点如图 2-19 所示。

青霉素生产的废水主要是生产废水、设备及地面冲洗水，主要包括洗滤布废水、废酸水、正丁醇回收废水、过滤真空泵排水、结晶真空泵排水等。

2.4.4.2 青霉素生产污染排放特征

根据对某企业青霉素生产线各排污节点废水进行取样分析，并同时统计各股废水的排放量得出重点环节水质，见表 2-10。

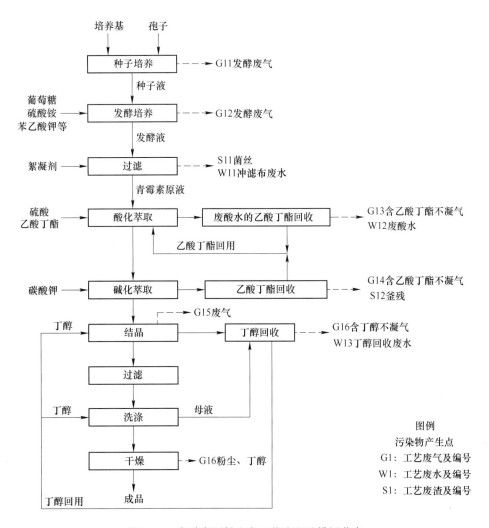

图 2-19 青霉素原料生产工艺流程及排污节点

表 2-10 青霉素生产环节废水污染特征表

序号	废水名称	特征抗生素	pH 值	电导率 /mS·cm^{-1}	浓度/mg·L^{-1}					
					TN	COD	NH$_4^+$	Cl$^-$	SO$_4^{2-}$	NO$_3^-$
1	滤布清洗废水	青霉素 G	6.16	1.122	119	1306.4	89	79.6	32.5	23.2
2	总废水	青霉素 G	6.09	1.052	71	1048.6	82	86.1	23.2	
3	废酸水	青霉素 G	3.96	13.57	1413	17958.0	105	157.3	7977.7	4.0
4	丁醇回收废水	青霉素 G	5.11	5.01	436	7717.0	171	884.2	112.2	
5	陶瓷膜废水	青霉素亚砜	13.07	74.5	110	1653.8	22	652.1	65.0	35.7
6	纳滤废水	青霉素亚砜	6.20	1.45	164	1228.6	82	610.3	18.2	9.2
7	超滤废水	青霉素亚砜	9.49	2.47	99	1295.6	6	390.0	174.3	13.3
8	干燥循环水	青霉素亚砜	7.48	5.28	12	4443.4	2	193.9	51.2	6.6
9	板框压滤水	青霉素亚砜	3.54	6.98	1769	28549.6	249	270.5	4098.0	13.1

序号	废水名称	特征抗生素	pH 值	电导率/mS·cm^{-1}	浓度/mg·L^{-1}					
					TN	COD	NH$_4^+$	Cl$^-$	SO$_4^{2-}$	NO$_3^-$
10	甲醇母液	青霉素亚砜	1.74	19.25	6862	544855.8	76	89.8	35825.4	48.7
11	粗品母液	青霉素亚砜	0.78	69.8	3900	63311.9	27		11364.5	
12	甲醇废水回收	7-ADCA	4.99	3.61	144	47214.7	117			
13	7-ADCA 母液	7-ADCA	3.32	69.2	3565	2769.4	3600	6589	23176.5	
14	扩环母液	7-ADCA	1.77	42.5	15360	39998.0	6557		16496	
15	甲苯粗蒸废水	7-ADCA	13.66	345	383	13130.0	311		14482	
16	甲苯精馏废水	7-ADCA	3.58	0.46	36	406.4	14			
17	甲苯碱洗塔废水	7-ADCA	13.76	335	56	2887.1	109			
18	甲苯水洗塔废水	7-ADCA	7.65	0.70	22	586.9	3			
19	二氯废水（中间相）	7-ADCA 或者头孢氨苄	5.90	41.3	12380	426128.8	3291			
20	二氯釜残	7-ADCA 或者头孢氨苄	5.79	0.29	5469	1325818	1029			
21	丙酮回收废水	7-ADCA 或者头孢氨苄	4.46	73.3	14510	84132.2	8820			

青霉素废水排污节点见表 2-11。

表 2-11　青霉素废水排污节点（排放量和排放去向）

序号	废水名称	产生工序	去向	排放特征	废水产生量/t·d^{-1}
1	滤布清洗废水		污水处理厂	间断	300
2	总废水		污水处理厂		460
3	废酸水	乙酸丁酯回收	污水处理厂	连续	400
4	丁醇回收废水	丁醇回收	污水处理厂	间断	20
5	陶瓷膜废水	陶瓷膜洗车	污水处理厂	间断	120
6	纳滤废水	纳滤洗车	污水处理厂	间断	100
7	超滤废水	超滤洗车	污水处理厂	间断	100
8	干燥循环水	菌丝尾气处理	污水处理厂	间断	20
9	板框压滤水	板框压滤	污水处理厂	连续	60
10	甲醇母液	转晶和离心机洗涤	607 车间回收	间断	50
11	粗品母液	粗品结晶	中和后交污水处理厂	连续	200
12	甲醇废水回收	甲醇精馏	污水处理厂	间断	4
13	7-ADCA 母液	7-ADCA 结晶液离心	污水处理厂	间断	120
14	扩环母液	扩环酸结晶液离心	污水处理厂	间断	90

序号	废水名称	产生工序	去向	排放特征	废水产生量 /t·d⁻¹
15	甲苯粗蒸废水	洗塔水	污水处理厂	间断	3
16	甲苯精馏废水	洗塔水	污水处理厂	间断	3
17	甲苯碱洗塔废水	工艺废液	污水处理厂	间断	4
18	甲苯水洗塔废水	工艺废液	污水处理厂	间断	4
19	二氯废水（中间相）	工艺废液	污水处理厂	间断	0.5
20	二氯釜残	危废	交由有资质厂家处理	间断	5
21	丙酮回收废水	工艺废液	污水处理厂	间断	5
22	吡啶废水、废酸中和后水	工艺废液	污水处理厂	间断	12

青霉素生产工艺环节中主要污染物分布与贡献见表 2-12。

表 2-12　青霉素各节点废水主要污染物排放量

序号	废水名称	TN/kg·d⁻¹	COD 量 /kg·d⁻¹	氨氮量 /kg·d⁻¹	Cl⁻ /kg·d⁻¹	SO₄²⁻ 量 /kg·d⁻¹	NO₃⁻ /kg·d⁻¹
1	滤布清洗废水	35.7	391.92	26.7	23.88	9.75	6.96
2	废酸水	565.2	7183.2	42	62.92	3191.08	1.6
3	丁醇回收废水	8.72	154.34	3.42	17.684	2.244	0
4	陶瓷膜废水	13.2	198.456	2.64	78.252	7.8	4.284
5	纳滤废水	16.4	122.86	8.2	61.03	1.82	0.92
6	超滤废水	9.9	129.56	0.6	39	17.43	1.33
7	干燥循环水	0.24	88.868	0.04	3.878	1.024	0.132
8	板框压滤水	106.14	1712.976	14.94	16.23	245.88	0.786
9	粗品母液	780	12662.38	5.4	0	2272.9	0
10	甲醇废水回收	0.576	188.8588	0.468	0	0	0
11	7-ADCA 母液	427.8	332.328	432	790.68	2781.18	0
12	扩环母液	1382.4	3599.82	590.13	0	1484.64	0
13	甲苯粗蒸废水	1.149	39.39	0.933	0	43.446	0
14	甲苯精馏废水	0.108	1.2192	0.042	0	0	0
15	甲苯碱洗塔废水	0.224	11.5484	0.436	0	0	0
16	甲苯水洗塔废水	0.088	2.3476	0.012	0	0	0
17	二氯废水（中间相）	6.19	213.0644	1.6455	0	0	0
18	二氯釜残	27.345	6629.09	5.145	0	0	0
19	丙酮回收废水	72.55	420.661	44.1	0	0	0

2.4.4.3　小结

A　青霉素废水主要污染指标等标污染负荷比

根据等标污染负荷计算法，计算各节点 COD 和氨氮等标污染负荷比，结果见表 2-13。

表 2-13　青霉素废水排污节点 COD 和氨氮等标污染负荷比

序号	废水名称	等标污染负荷 P_{ij}/t·d^{-1}		
		COD	氨氮	总氮
1	滤布清洗废水	3266.00	762.86	510.00
2	废酸水	59860.00	1200.00	8074.29
3	丁醇回收废水	1286.17	97.71	124.57
4	陶瓷膜废水	1653.80	75.43	188.57
5	纳滤废水	1023.83	234.29	234.29
6	超滤废水	1079.67	17.14	141.43
7	干燥循环水	740.57	1.14	3.43
8	板框压滤水	14274.80	426.86	1516.29
9	粗品母液	105519.83	154.29	11142.86
10	甲醇废水回收	1573.82	13.37	8.23
11	7-ADCA 母液	2769.40	12342.86	6111.43
12	扩环母液	29998.50	16860.86	19748.57
13	甲苯粗蒸废水	328.25	26.66	16.41
14	甲苯精馏废水	10.16	1.20	1.54
15	甲苯碱洗塔废水	96.24	12.46	3.20
16	甲苯水洗塔废水	19.56	0.34	1.26
17	二氯废水（中间相）	1775.54	47.01	88.43
18	二氯釜残	55242.42	147.00	390.64
19	丙酮回收废水	3505.51	1260.00	1036.43

B　青霉素生产各节点污染贡献率

计算青霉素生产废水主要污染物的排放量，结果如图 2-20~图 2-25 所示。

由图 2-20~图 2-25 可以看出：

（1）TN 排放量较大的废水依次为：废酸水（88.00%）、滤布清洗废水（5.56%）。

（2）COD 排放量较大的废水依次为：废酸水（87.48%）、综合废水（5.87%）、滤布清洗废水（4.77%）

（3）氨氮排放量较大的废水依次为：废酸水（38.24%）、综合废水（34.34%）、滤布清洗废水（24.31%）。

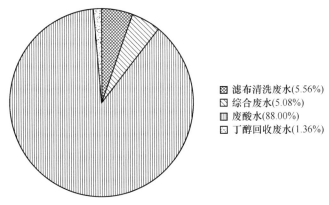

图 2-20 青霉素生产工艺 TN 排放量分布

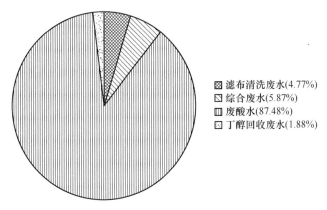

图 2-21 青霉素生产工艺 COD 排放量分布

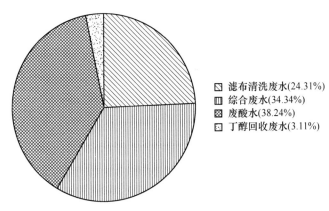

图 2-22 青霉素生产工艺氨氮排放量分布

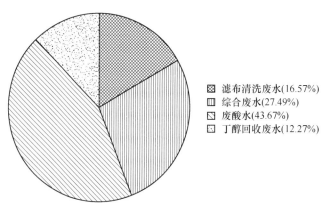

图 2-23　青霉素生产工艺 Cl⁻排放量分布

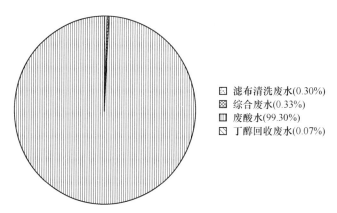

图 2-24　青霉素生产工艺硫酸根离子排放量分布

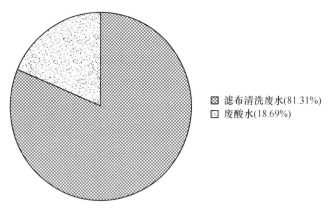

图 2-25　青霉素生产工艺硝酸根离子排放量分布

（4）Cl⁻排放量较大的废水依次为：废酸水（43.67%）、综合废水（27.49%）、滤布清洗废水（16.57%）、丁醇回收废水（12.27%）。

（5）硫酸根离子排放量最大的废水为：废酸水（99.30%）。

（6）硝酸根离子排放量较大的废水依次为：滤布清洗废水（81.31%）、废酸水（18.69%）。

2.4.5 头孢氨苄生产流程水污染解析

2.4.5.1 生产工艺及排污节点

A 头孢氨苄化学法生产工艺流程及排污节点

苯甘氨酸邓盐和特戊酰氯在反应罐中进行化学反应生成混合酸酐，7-ADCA 在溶媒溶液中溶解后与混合酸酐在反应罐中进行缩合反应。缩合液在水解罐酸性溶液中水解反应生成头孢氨苄。水解液在结晶罐中结晶成头孢氨苄，经过分离、洗涤、干燥后成为头孢氨苄产品。其主要废水排放节点包括离心废水、真空泵排水和设备、地面冲洗水等。其生产环节及排污节点如图 2-26 所示。

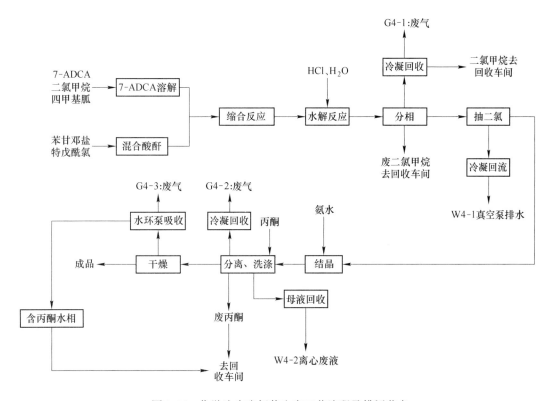

图 2-26 化学法头孢氨苄生产工艺流程及排污节点

B 酶法合成头孢氨苄工艺流程及排污节点

酶法合成头孢氨苄包括酶合成、溶解脱色、结晶离心、干燥包装 4 个步骤。

（1）酶合成。向酶合成反应罐加入纯化水、7-ADCA，加入适量 15% 氨水，调罐内 pH 值至中性，再加入固定化酶，向管内加入溶解后的 PE 溶液，PE 和 7-ADCA 发生酶合成反应，生产头孢氨苄和甲醇、氯化铵和水。

酶合成反应料液经分离器分离固定化酶，固定化酶在生产中连续循环使用，其在生产进行一定数量批次后，活性下降。当活性不能满足生产需求时，需要定期更换。酶分离结束后，用 30%盐酸调反应液至偏酸性后，料液送溶解脱色工序。

（2）溶解脱色。酶分离后的反应液进入溶解脱色罐，向溶解脱色罐加入 30%盐酸，头孢氨苄和盐酸反应，生成头孢氨苄盐酸盐。待调至溶解澄清后，再加入活性炭（脱色去杂质）、EDTA（络合剂）、水溶性抗氧化剂，进脱碳器脱除废活性炭，之后精密过滤器进一步脱除废活性炭，经二级过滤后送至结晶罐。

（3）结晶离心。结晶罐接料后，在一定温度下，匀速加入 15%稀氨水调节 pH 值至 5，头孢氨苄盐酸盐和稀氨水反应生成头孢氨苄和氯化铵，结晶料液送离心机，结晶分离。离心机内高速旋转分离母液，分离后的湿料附着在滤布上再进行两次水洗、两次丙酮洗后，送干燥工序。

（4）干燥包装。离心机分离物料后将其送双锥干燥机，控制夹套热水温度保持温度在 40~50℃之间进行真空干燥。干燥后得到头孢氨苄一水合物。干燥完成后，停止真空泵，经放料，分、包装得到产品。由于原料药带 1 个结晶水，分、包装过程中会产生少量粉尘。

酶法合成头孢氨苄生产工艺及排污节点如图 2-27 所示。

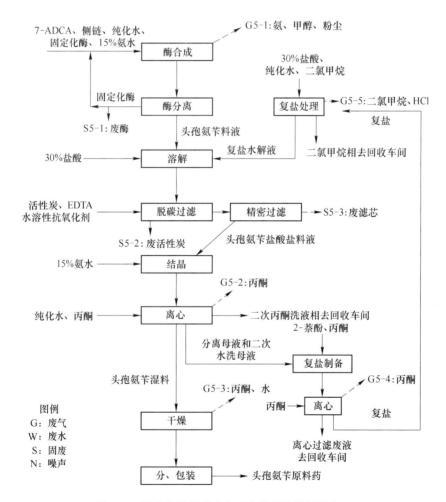

图 2-27　酶法头孢氨苄生产工艺流程及排污节点

2.4.5.2 生产污染排放特征

根据对某企业头孢氨苄生产线各排污节点废水进行取样分析，并同时统计各股废水的排放量，重点环节水质见表 2-14 和表 2-15。

表 2-14　酶法头孢氨苄废水排污节点主要污染物及浓度

废水名称	特征抗生素	pH 值	电导率/mS·cm⁻¹	浓度/mg·L⁻¹						
				TN	COD	NH_4^+	Cl^-	SO_4^{2-}	NO_3^-	头孢氨苄
酶法头孢氨苄废母液	头孢氨苄	3.83	67.5	10975.5	70542.7	13371	14806.5	21814	—	1424

表 2-15　化学法头孢氨苄废水排污节点主要污染物及浓度

序号	废水名称	特征抗生素	pH 值	电导率/mS·cm⁻¹	浓度/mg·L⁻¹						
					TN	COD	NH_4^+	Cl^-	SO_4^{2-}	NO_3^-	头孢氨苄
1	2 号大线废母液	头孢氨苄	4.57	134	36152.6	197044	12086	56197.5	—	—	4990
2	2 号真空泵废水	头孢氨苄	13.35	77.5	115	1486.9	98	—	—	—	0.42

根据头孢氨苄单位产品排水量，计算得出不同合成法合成头孢氨苄排污的情况，如图 2-28 所示。

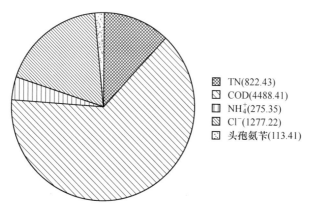

图 2-28　化学法头孢氨苄生产吨产品排污负荷（g/t 产品）

TN(822.43)
COD(4488.41)
NH_4^+(275.35)
Cl^-(1277.22)
头孢氨苄(113.41)

由图 2-28 可以看出，除氨氮以外，酶法头孢氨苄生产吨产品总体排污负荷低于化学法头孢氨苄生产工艺，酶法头孢氨苄吨产品废水中 COD、总氮、Cl^- 和头孢氨苄产生量分别为化学合成法的 64.3%、54.6%、47.4% 和 51.4%。

2.4.6　头孢唑啉钠生产工艺废水污染源解析

2.4.6.1　生产工艺及排污节点

头孢唑啉钠是以 7-ACA 为起始原料，在加热搅拌及碱性条件下与噻二唑缩合生产头孢唑啉中间体，然后与二氯甲烷做溶剂，低温搅拌下与四氮唑乙酸通过酸酐法生成头孢唑啉酸，最后，头孢唑啉酸与碳酸氢钠酸碱中和生产头孢唑啉钠，冻干得到产品。

头孢唑啉钠生产工艺包括头孢唑啉酸中间体、头孢唑啉酸和头孢唑啉钠生产 3 个过程，如图 2-29~图 2-31 所示。

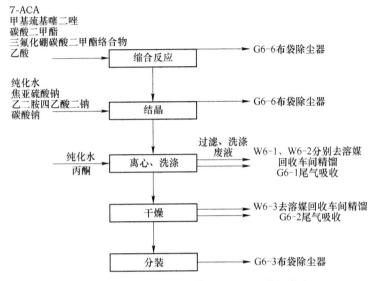

图 2-29　头孢唑啉酸中间体生产工艺及排污节点

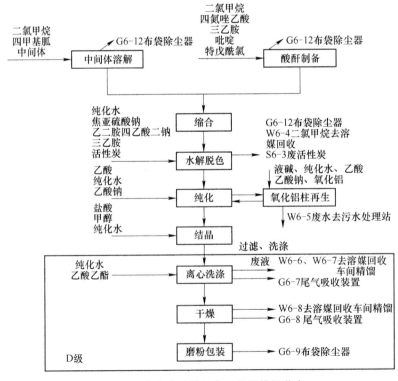

图 2-30　头孢唑啉酸生产工艺及排污节点

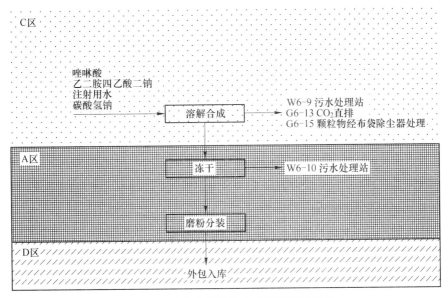

图 2-31 头孢唑啉钠生产工艺及排污节点

2.4.6.2 污染排放特征

根据对某企业头孢唑啉钠生产线各排污节点废水进行取样分析，并同时统计各股废水的排放量得到重点环节水质及排放量见表 2-16 和表 2-17。

表 2-16 头孢唑啉钠生产工艺及排污节点

序号	废水名称	所在工序	pH 值	浓度/mg·L⁻¹					
				COD	Cl⁻	SO₄²⁻	NH₄⁺	电导率/mS·cm⁻¹	头孢唑啉钠
1	碳酸二甲酯废水	离心洗涤（溶媒回收）	4.57	19153.7	335.7	154.0	60.3	34.9	156.3
2	丙酮废水	离心洗涤（溶媒回收）	3.36	12134.9	122.1	12.5	14.7	0.77	50.9
3	氧化铝柱废酸水	纯化	4.14	20036.1	65.1	—	4.60	5.2	—
4	氧化铝柱废碱水	纯化	13.85	25922.6	650.7	354.4	117.1	235.0	—
5	二氯甲烷废水	水解脱色（溶媒回收）	2.98	—	—	—	—	0.10	172.2
6	甲醇废水	离心洗涤（未溶媒回收）	1.35	73719.6	15244.6	550.1	11240	38.1	68.7
7	乙酸乙酯废水	离心洗涤（溶媒回收）	3.90	6055	113.1	148.0		1.06	36.4
8	离心机水洗废水	离心洗涤	3.39	355.6				0.183	148.8
9	冷冻机化霜水	冷冻干燥	5.75	213.7	—			0.084	5.9

表 2-17 头孢唑啉钠生产工艺及排污节点水量统计

序号	水样名称	产生工序	回收前产生节点	产生量/t·批⁻¹	批次/批·年⁻¹	总产生量/t·a⁻¹
1	碳酸二甲酯废水	溶媒回收	离心洗涤	5.6	932	5219.2
2	丙酮废水	溶媒回收	离心洗涤	0.11	932	102.52

序号	水样名称	产生工序	回收前产生节点	产生量/t·批⁻¹	批次/批·年⁻¹	总产生量/t·a⁻¹
3	氧化铝柱废酸、废碱水	纯化		28.7		45776.5
4	二氯甲烷废水	溶媒回收	水解脱色	1.2		1914
5	甲醇废水	离心洗涤		2.1		3349.5
6	乙酸乙酯废水	溶媒回收	离心洗涤	0.9	1595	1435.5
7	离心机水洗废水	离心洗涤		16.0		25520
8	冷冻机化霜水	冷冻干燥		2.7		453.6

注：头孢唑啉钠年产能为 156t。

根据该企业的产量，对数据进行归一化处理，对重点污染物 COD、头孢唑啉钠在废水中的节点进行了分析总结，得到了重点污染物在整个工艺环节中的分布与贡献见表 2-18。

表 2-18　头孢唑啉钠生产废水残留抗生素排污节点汇总

序号	废水名称	所在工序	COD 量/t·a⁻¹	Cl⁻量/t·a⁻¹	SO₄²⁻量/t·a⁻¹	氨氮量/t·a⁻¹	头孢唑啉钠量/t·a⁻¹
1	碳酸二甲酯废水	离心洗涤（溶媒回收）	99.97	1.75	0.80	0.31	0.82
2	丙酮废水	离心洗涤（溶媒回收）	1.24	0.01	0.00	0.00	0.01
3	氧化铝柱废酸、废碱水	纯化	917.18	16.38	8.11	2.73	
4	二氯甲烷废水	水解脱色（溶媒回收）	0.00	0.00	0.00	0.00	0.33
5	甲醇废水	离心洗涤（未溶媒回收）	246.92	51.06	1.84	37.65	0.23
6	乙酸乙酯废水	离心洗涤（溶媒回收）	8.69	0.16	0.21	0.00	0.05
7	离心机水洗废水	离心洗涤	9.07	0.00	0.00	0.00	3.80
8	冷冻机化霜水	冷冻干燥	0.10	0.00	0.00	0.00	0.00
	合　计		1283.18	69.37	10.97	40.70	5.23

2.4.6.3　小结

A　头孢唑啉钠废水主要污染指标等标污染负荷比

根据等标污染负荷计算法，计算各节点 COD 和氨氮等标污染负荷比结果见表 2-19。

表 2-19　头孢唑啉钠废水排污节点 COD 和氨氮等标污染负荷比

序号	废水名称	等标污染负荷 P_{ij}/t·a⁻¹		序号	废水名称	等标污染负荷 P_{ij}/t·a⁻¹	
		COD	氨氮			COD	氨氮
1	碳酸二甲酯废水	833058.259	8991.936	5	甲醇废水	614.33	3349.5
2	丙酮废水	10367.2496	43.0584	6	乙酸乙酯废水	50.45833	1435.5
3	氧化铝柱废酸、废碱水	7643187.76	78081.63	7	离心机水洗废水	2.963333	25520
4	二氯甲烷废水	0	0	8	冷冻机化霜水	1.780833	453.6

B 头孢唑啉钠各节点污染贡献率

对头孢唑啉钠生产工艺各阶段废水取样分析 COD 和头孢唑啉钠的浓度，同时统计各股废水的排放量，计算 COD 和头孢唑啉钠的排放量，结果如图 2-32～图 2-36 所示。

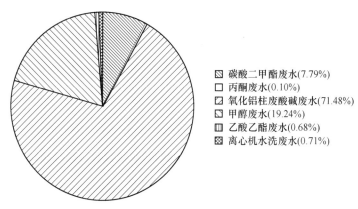

☒ 碳酸二甲酯废水(7.79%)
☐ 丙酮废水(0.10%)
▨ 氧化铝柱废酸碱废水(71.48%)
▧ 甲醇废水(19.24%)
▥ 乙酸乙酯废水(0.68%)
▨ 离心机水洗废水(0.71%)

图 2-32 头孢唑啉钠生产工艺 COD 排放量分布

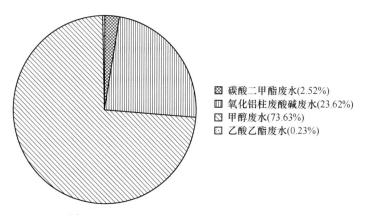

☒ 碳酸二甲酯废水(2.52%)
▥ 氧化铝柱废酸碱废水(23.62%)
▧ 甲醇废水(73.63%)
▢ 乙酸乙酯废水(0.23%)

图 2-33 头孢唑啉钠生产工艺 Cl⁻ 排放量分布

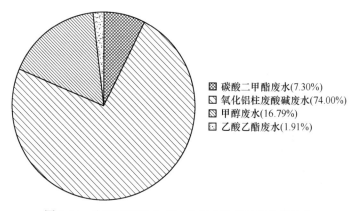

☒ 碳酸二甲酯废水(7.30%)
▧ 氧化铝柱废酸碱废水(74.00%)
▢ 甲醇废水(16.79%)
▢ 乙酸乙酯废水(1.91%)

图 2-34 头孢唑啉钠生产工艺硫酸根离子排放量分布

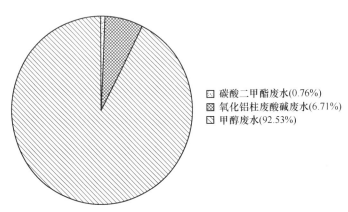

图 2-35　头孢唑啉钠生产工艺氨氮排放量分布

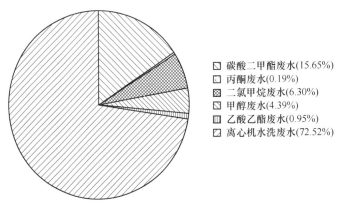

图 2-36　头孢唑啉钠生产工艺头孢唑啉钠废水排放量分布

由图 2-32~图 2-36 可以发现：

（1）COD 排放量较大的废水依次为：氧化铝柱废酸和废碱水（71.48%）、甲醇废水（19.24%）、碳酸二甲酯废水（7.79%）。

（2）Cl⁻排放量较大的废水依次为：甲醇废水（73.63%）、氧化铝柱废酸碱废水（23.62%）。

（3）硫酸根离子排放量较大的废水依次为：氧化铝柱废酸碱废水（74%）、甲醇废水（16.79%）、碳酸二甲酯废水（7.30%）。

（4）氨氮排放量较大的废水为甲醇废水（占 92.53%）。

（5）头孢唑啉钠排放量较大的废水依次为：离心机水洗废水（72.52%）、碳酸二甲酯废水（15.65%）、二氯甲烷废水（6.30%）、甲醇废水（4.39%）。

目前我国工业废水排放管理仍主要采用 COD、BOD₅ 和氨氮等理化指标。2010 年，我国颁布实施了制药工业污染物排放标准体系，包括发酵类、化学合成类、提取类、中药类、生物工程类和混装制剂类，规定 pH 值、色度、SS 含量、BOD₅、COD 等理化指标排放限制。

但是，现有的处理技术难以将制药废水中含有的不同种类有毒有害化合物去除完全。这些污染物质排放到水体后，不能在自然生态环境中完全生物降解，导致受纳单元受到有毒有害物质的长期污染。此外，许多未识别的化学物质、检测浓度低的化合物与未降解的污染物在环境中相互发生化学反应，产生的二次污染物质会加剧对水生物的毒害作用。目前，已有许多研究表明制药行业废水对不同生物能够产生毒性作用。

制药废水成分复杂，废水中含有大量有毒污染物质，例如，多环芳烃和杂环化合物中有毒有害污染物质的鉴别，对确定特征污染物和污染源控制提供了重要依据，但难以反映废水中多种污染物的综合毒性作用。所以，在制药行业后续的发展和相关政策制定中，应该充分考虑到有毒有害物质和特征污染物的环境风险。

3 制药行业重大水专项形成的关键技术发展与应用

3.1 源头绿色替代技术

3.1.1 基于培养基替代的青霉素发酵减排技术

3.1.1.1 技术简介

基于培养基替代的青霉素发酵减排技术通过多参数采集技术，成功解析了发酵过程主题产黄青霉菌的实时发酵代谢特性，并以生理代谢参数氧消耗速率 OUR 和培养液过程电导率为指标，开展了合成培养基营养包替代复合氮源玉米浆，成功实现了基于 OUR 水平的玉米浆替代新工艺。进一步进行菌体形态变化与青霉素合成、污染物排放的影响关系分析，优化建立了通过控制磷酸盐的补加策略合理控制产黄青霉菌的比生长速率，形成了基于活细胞传感仪检测参数在线电容值和电导率水平优化控制的全合成培养基营养流加新工艺，该成果成功实现了小试青霉素发酵生产单位达到 $1.46 \times 10^5 U/mL$，与玉米浆工艺相比提升显著[30]。

将形成的优化原料替代和过程控制工艺在工业生产发酵中进行推广应用，以建立的数据采集参数为指导，通过调整磷酸盐和铵离子的流加控制维持菌体的比生长速率为 $0.025h^{-1}$ 能很好维持菌体的生长、促进青霉素合成，其最高发酵单位能够达到 $1.39 \times 10^5 U/mL$，平均发酵单位达到 $1.37 \times 10^5 U/mL$，比原工艺相比，提升效果显著。在生产罐上验证结果显示，优化工艺发酵废酸水 COD 较原工艺降低了近 32.7%，废酸水中氨氮降低了 46.5%。达到和完成了项目任务指标。

3.1.1.2 适用范围

基于发酵过程生理代谢参数 OUR、CER、活细胞量、电导率等过程参数采集和控制提升发酵产能及发酵生产效率的工艺技术，以及利用成分清楚的合成无机盐营养培养基替代低利用度的复合氮源培养基，能够更好地实施根据发酵过程营养成分需求的定量流加控制工艺，能够提升培养基质的利用度和控制较好的菌体生长状态，降低废水污染物的排放。

相应技术可应用到抗生素如头孢菌素、红霉素、辅酶、维生素等多种次级代谢产物的发酵生产过程，达到降低废水污染物的目的。

3.1.1.3 技术就绪度评价等级

TRL-8。

3.1.1.4 技术指标及参数

A 技术原理

（1）以 OUR 为指导的青霉素合成过程供氧控制工艺优化。产黄青霉菌发酵合成青霉素代谢过程中，氧消耗速率不仅影响着菌体的生长代谢，同时次级代谢合成途径也需要大量的还原力促进青霉素合成代谢。但过高的氧消耗速率会造成菌体的过呼吸作用，从而消耗更多的碳源底物用于呼吸代谢，过多释放二氧化碳，引起碳源底物葡萄糖向青霉素的合成转化效率降低[31~33]。因此合理的 OUR 控制水平是保证青霉素发酵过程的关键指标[34]。它在合成培养基替代复合氮源基质过程中可以指导营养物质的添加速率。

（2）活细胞浓度检测指导青霉素发酵工艺控制。活细胞传感器能够根据活菌体细胞在交变电场中被极化而形成电容的原理进行发酵液中活菌量的在线测定。活菌细胞是保证青霉素快速合成代谢的关键，活菌体量的变化受到营养条件的影响。同时活细胞传感仪还能够实现发酵培养液中电导率的在线检测，电导率反映了培养液中营养物质的离子强度，与营养物质的浓度有关，而营养物质浓度是保证菌体活力的关键。因此活菌量可用于指导发酵过程中营养元素的定量化替代[35]。

（3）电导率在线检测与反馈控制硫酸根离子浓度，促进青霉素发酵生产[30]。在 50L 小试生产发酵罐中，利用硫酸根离子控制产物快速合成期 85h 后的电导率在（17±0.7）mS/cm，青霉素生产菌的菌体浓度和菌丝形态明显得到改善，当对应的硫酸根离子浓度维持在（27±1.0）mg/mL，青霉素的生成速率显著高于原工艺不控制的对照批次的合成速率。在最优的硫酸根离子浓度下，青霉素发酵能够保持较快的合成速率，放罐单位达到了 146370U/mL[36]。

（4）基于在线多参数控制的合成培养基替代调控工艺降低污水污染物排放。青霉素发酵液废水中，形成 COD 污染物的主要来源为培养基残留物、菌体代谢副产物以及剪切而引起的胞内代谢物的释放等。大部分抗生素发酵采用的复合氮源基质由于菌体利用后的残留率较大，这些难于利用的培养基质就形成了发酵废水 COD 的主要来源。利用速效的合成培养基替代复合培养基质，能够实现根据细胞的实时需求进行流加控制，调节菌体细胞的活力状态，降低废水污染物的排放。

B 工艺工程

a 工艺流程框图

多参数组合优化培养基和控制工艺实现青霉素发酵工程工艺流程如图 3-1 所示。

b 工艺描述

（1）利用尾气分析质谱仪、活细胞传感仪，并结合 pH 值、溶氧、体积、流量等参数进行状态变量参数和生理代谢参数的采集与分析。

（2）发酵过程中，对所有原料葡萄糖、苯乙酸、氨水、硫酸铵、硫酸钠、磷酸盐等物质进行分别流加补料，根据数据采集和测定参数的分析，进行不同营养元素的定量流加控制。

（3）根据生理代谢参数 OUR、比生长速率的相关性变化，进行转速、通气、补料等的反馈控制。

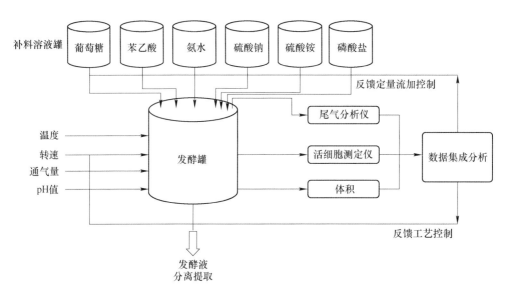

图 3-1　多参数组合优化培养基和控制工艺实现青霉素发酵工程工艺流程

（4）利用无机营养元素，结合生理代谢参数的一致性，替代原工艺有机复合氮源，形成优化的青霉素生产工艺。

c　关键参数

最优化过程控制关键参数见表 3-1。

表 3-1　关键参数一览表

序号	控制点	单位	控制范围	备注
1	氧消耗速率 OUR	mol/(h·L)	94~100	40~160h
2	比生长速率	h^{-1}	0.023~0.028	50~160h
3	硫酸根离子	mg/L	27±1	65~160h
4	电导率	mS/cm	16.3~17.7	85~160h

C　主要技术创新点及经济指标

该项目通过多参数采集技术，成功解析了发酵过程主题产黄青霉菌的实时发酵代谢特性，以生理代谢参数氧消耗速率 OUR 和培养液过程电导率为指标，在此基础上，开展了合成培养基营养包替代复合氮源玉米浆，成功实现了基于 OUR 水平的玉米浆替代新工艺。进一步进行菌体形态变化与青霉素合成、污染物排放的影响关系分析，优化建立了通过控制磷酸盐的补加策略合理控制产黄青霉菌的比生长速率，形成了基于活细胞传感仪检测参数在线电容值和电导率水平优化控制的全合成培养基营养流加新工艺，该成果成功实现了小试青霉素发酵生产单位达到 $1.46×10^5$ U/mL，与玉米浆工艺相比，提升显著。将建立的基于在线生理代谢参数的供氧、营养物质流加、菌体形态调节的优化控制工艺在生产罐上验证推广，结果显示青霉素发酵平均单位达到 $1.37×10^5$ U/mL，发酵废酸水 COD 较原工艺降低了近 32.7%，废酸水中氨氮降低了 46.5%。

D　工程应用及第三方评价

通过采用尾气过程质谱仪、活细胞传感仪、形态分析软件等实现了青霉素耗氧发酵过程中氧消耗速率OUR、二氧化碳释放速率CER、呼吸熵RQ、活细胞量、电导率等过程状态参数的在线检测与分析；从多尺度发酵过程优化的角度研究了在线生理代谢参数与青霉素合成代谢之间的关系，得到了最优化的过程OUR水平控制策略（95±4）mmol/（L·h）。在此基础上，进一步开展了合成培养基营养包替代复合氮源玉米浆，成功实现了基于OUR水平的玉米浆替代新工艺。并通过对全合成培养基营养包优化，成功实现青霉素发酵生产单位达到了1.34×10^5U/mL，与玉米浆工艺相比提升了14%。

进一步通过对大量的过程菌体形态统计，找到了菌体形态变化与青霉素合成之间的响应关系：随着菌球占比的快速增加，青霉素的合成速率显著降低。并进一步研究了青霉素发酵反应器中剪切场变化，以及单个菌丝体在发酵罐中受剪切的瞬变特性和评估最大剪切强度持续累计时间对细胞形态和破碎释放内含物的影响，建立了青霉素酵罐中流场的模拟评估方法，并建立CFD流场剪切模拟分析模型方法和基于PIV的颗粒离子追踪分析方法[37]。通过对发酵过程中后期剪切率的控制以及磷酸盐浓度的补加工艺，很好地实现了菌体膨大菌球的数量和菌丝的占比情况，降低了过大的菌球生成以及剪切造成的破坏。在小试工艺研究中，通过调整磷酸盐和铵离子的流加控制维持菌体的比生长速率为$0.025h^{-1}$，能很好维持菌体的生长、促进青霉素合成，最高发酵单位能够达到1.46×10^5U/mL，显著降低了废水污染物的释放。青霉素发酵理论技术研究与生产应用推广的完美对接如图3-2所示。

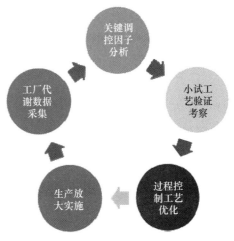

图3-2　青霉素发酵理论技术研究与
生产应用推广的完美对接

最终将建立的基于在线生理代谢参数的供氧、营养物质流加、菌体形态调节的优化控制工艺（见图3-3），在生产罐上验证推广，结果显示，青霉素发酵平均单位达到1.37×10^5U/mL，比对照提升了11.8%以上，发酵废酸水COD较原工艺降低了近32.7%，废酸水中氨氮降低了46.5%。

3.1.2　头孢氨苄酶法合成与绿色分离关键技术

3.1.2.1　技术简介

头孢氨苄的酶法合成是以母核7-氨基-去乙酰氧基头孢烷酸（7-ADCA）和侧链D-苯甘氨酸衍生物（酰胺或酯类）作为初始原料，在青霉素酰化酶（penicillin gacylase，PGA）的作用下合成头孢氨苄。头孢氨苄酶法合成工艺以水为溶剂，在室温条件下通过固定化青霉素酰化酶的催化作用，使原料7-ADCA和侧链D-苯甘氨酸甲酯盐酸盐发生缩合反应，生成产品头孢氨苄。该技术通过构建悬浮液反应体系，将7-ADCA的初始

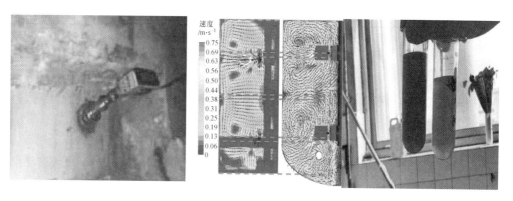

图 3-3　青霉素生产过程在线多参数采集指导合成培养基精确流加控制工艺

投料量提高了 9 倍，大大提高酶法合成工艺的产出效率，减少单位产品的侧链消耗和污染物排放量[38]。

3.1.2.2　适用范围

头孢氨苄酶法合成关键技术适用于高浓度发酵制药废水。

3.1.2.3　技术就绪度评价等级

TRL-5。

3.1.2.4　技术指标及参数

A　基本原理

头孢氨苄酶法合成工艺以水为溶剂，在室温条件下通过固定化青霉素酰化酶的催化作用，使原料 7-ADCA 和侧链 D-苯甘氨酸甲酯盐酸盐发生缩合反应，生成产品头孢氨苄，并得到副产物盐酸和甲醇[39]。其反应方程如下：

$$C_8H_{10}N_2O_3S + C_9H_{12}NO_2 \cdot HCl \longrightarrow C_{16}H_{17}N_3O_4S + HCl + CH_3OH$$

　　7-ADCA　　D-苯甘氨酸甲酯盐酸盐　　　头孢氨苄　盐酸　　甲醇

青霉素酰化酶的催化活性和稳定性主要受温度和 pH 值影响。为保证酶的催化活性和稳定性，反应温度控制在 10~15℃，pH 值控制在 6.5~7.0。青霉素酰化酶不仅对酶促合成反应有催化作用，同时还对反应侧链和产物的水解有催化作用，需要控制酶的添加量在合适的范围。同时在青霉素酰化酶存在时，侧链会发生水解，因此采用流加的方式加入侧链，并且要严格控制侧链加入速度。原料 7-ADCA 的溶解度是制约酶法合成工艺产出效率的关键因素，该技术通过构建悬浮液反应体系，将 7-ADCA 的初始投料量提高了 9 倍，大大提高了酶法合成工艺的产出效率，减少了单位产品的侧链消耗和污染物排放量。

B　工艺流程

工艺流程为"侧链+7ADCA+固定化酶—酶催化合成反应—固定化酶分离—头孢氨苄

母液溶解—脱色—过滤—结晶—干燥—头孢氨苄原料药"（见图 3-4）。具体如下：

（1）首先将侧链 D-苯甘氨酸甲酯盐酸盐溶解于去离子水中，配置成溶液。

（2）向合成反应罐中加入去离子水，开启搅拌，投入 7-ADCA，控制反应罐温度。

（3）通过向合成反应罐中加入精制氨水，来调节溶液的 pH 值在 7.0 左右，加入固定化酶。

（4）向合成反应罐中匀速加入侧链溶液，控制反应过程的 pH 值和温度，直到 7-ADCA 残留不大于 5mg/mL 为反应合格。

（5）对反应后的溶液进行分离，得到固定化酶和头孢氨苄母液，回收的固定化酶继续投入合成反应罐使用，头孢氨苄母液经过溶解、脱色和过滤得到滤液。

（6）头孢氨苄滤液加入结晶罐中进行结晶，得到的头孢氨苄晶体经干燥后得到头孢氨苄原料药产品。

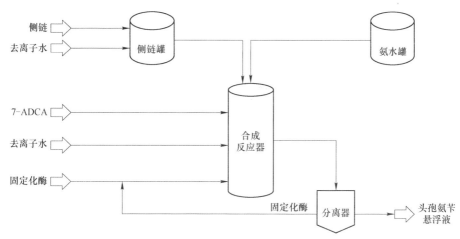

图 3-4　头孢氨苄酶法合成工艺流程

C　主要技术创新点及经济指标

酶法合成头孢氨苄方法在辅料和工艺上均区别于传统的化学合成方法，工艺路线简单，反应条件温和，反应过程中避免使用二氯甲烷、四甲基胍、特戊酰氯、4-甲基吡啶、N-甲基乙酰胺（NMA）等有毒有害物质。头孢氨苄酶法合成技术与传统的化学合成法相比，具有显著优势。酶法合成工艺反应条件温和，节约能源；以水为反应介质，不使用二氯甲烷等挥发性有机溶剂，消除了废水、废气中有机溶剂的污染，环境友好；反应过程为一步催化合成，不再使用特戊酰氯、四甲基胍等辅助化学品，原材料消耗、废水中 COD、生产成本显著降低，从工艺源头大幅减少了污染物排放。

通过系统研究头孢氨苄酶法催化合成过程，认识了头孢氨苄合成、反应侧链水解、反应母核 7-ADCA 溶解、产品头孢氨苄析出、催化酶与产品颗粒尺度、转化率、产出效率，以及产品质量等的相关关系，掌握了反应过程的调控规律，形成了控制策略。通过对工艺条件的优化，使 7-ADCA 的转化率大于等于 99%，侧链消耗降低 25%，产品质量达到质量标准。构建了头孢氨苄悬浮液反应体系，解决了大批量生产过程中催化合成酶与产品颗粒分离的工程技术问题，产率提高了 9 倍以上，单位产品生产成本降低 4.75%，废水 COD

降低 44.71%，有机溶剂和辅助材料用量分别降低 70% 和 100%。

该技术确立了结晶母液中头孢氨苄绿色回收新技术，建立了绿色络合—解络合新工艺，无 VOC，解络剂用量降低 92%，无含氯代烃废水。头孢氨苄的回收率提高 5%，减少氯代烃消耗 809.5t/a，从源头上减少 COD 的排放，建立解络合剂化学法回收与循环利用工艺，回收率 90% 以上，显著降低头孢氨苄回收的能耗。在此基础上申请了两项专利技术。

D　工程应用及第三方评价

头孢氨苄酶法高效合成技术在华北某制药企业建设了"1000t/a 头孢氨苄原料药酶法合成及绿色分离清洁生产工程示范"，实现 7-ADCA 摩尔转化率达到 99%、辅助材料降低 100%、COD 排放降低 40% 以上、运行成本降低 4.75%。该项技术具有显著的社会效益、环保效益和经济效益。

3.1.3　抗生素合成固定化酶规模化制备技术

3.1.3.1　技术简介

头孢类抗生素是广谱抗生素，通过抑制细胞壁的合成而达到杀菌效果，是目前临床上使用量较大的一种半合成抗生素，其传统的合成方法是把母核和侧链通过化学方法合成，主要过程包括混酐、缩合、水解和结晶等工序。由于化学合成过程具有需要基团保护，涉及工序长且需要用到毒性很大的化学物质等缺点而逐渐被酶法所取代。采用生物酶法合成头孢类抗生素具有反应条件温和、工艺简单等优势，具有很大的社会和经济效益。在这一过程中，用固定化酶制剂开发高效催化的头孢原料药合成成为该项技术的关键[40~43]。该技术选择了来源于木糖氧化无色杆菌的青霉素 G 酰化酶 PGA（achrmobacter xylosoxidans），对该酶进行密码子优化后合成并进行定向进化研究，以减少在合成反应时对底物和产物侧链的水解，提高合成水解比（S/H），其可应用于 β-内酰胺抗生素尤其是头孢氨苄和头孢拉定的生产。

3.1.3.2　适用范围

抗生素合成固定化酶规模化制备技术适用于多种头孢原料药高效催化固定化酶的制备。

3.1.3.3　技术就绪度评价等级

TRL-7。

3.1.3.4　技术指标及参数

A　基本原理

选取木糖氧化无色杆菌来源的 PGA 基因作为出发点，对其进行全基因克隆与原核表达分析，同时结合计算机分子模拟技术和高通量筛选方法对该 PGA（SPGA）进行定向进化研究，经过多批次突变与筛选，获得了合成活力更高、水解活力更低、稳定性更好的突变菌株 SPGA-3B 和 SPGA-4。其中突变菌株 SPGA-4 对头孢氨苄的合成活力为 25~30U/mL，突变菌株 SPGA-3B 对头孢拉定合成活力为 8~10U/mL，满足了工业应用要求。对突变菌株 SPGA-3B 和 SPGA-4 进行发酵、提取工艺优化；比较不同载体固定的头孢氨苄合成酶的活力、稳定性和转化效果，确定固定化酶载体、固定化过程的磷酸盐浓度、pH 值、温度、时间等参数条件；确定突变菌株固定化酶制备的最佳工艺路线，并制定了相应操作规程。

B 工艺流程

抗生素合成固定化酶规模化制备技术的工艺流程为"发酵—提取—纯化—固定化—包装保存"。具体如下：

（1）发酵工序。在发酵罐配制培养基，然后通入蒸汽进行高温灭菌，灭菌结束开夹套进水冷切。种子罐内接入种子菌液进行发酵培养，一定时间后接入生产大罐发酵。大罐发酵过程中补入葡萄糖和氨水供微生物生长代谢。

（2）提取工序。发酵结束后用陶瓷膜收集菌体，并稀释发酵液至合适菌浓，加入 NaOH 溶液调 pH 值。开热水夹套升温浸泡发酵液，然后开冷水将浸泡料液降温，加入适当絮凝剂和钙盐，停搅拌静置后板框过滤。

（3）纯化工序。将板框清液用液碱溶液回调后微孔过滤，然后用 10KD 的卷式膜超滤器浓缩，过程中加去离子水进行脱盐处理至循环料液电导率达到工艺要求。

（4）固定化。按质量/体积比加入磷酸氢二钾和磷酸二氢钾调节 pH 值，充分溶解后过滤进行固定化。采用氨基载体固定，控制温度吸附过夜[44,45]。

（5）包装保存。用去离子水反复清洗处理好的固定化酶，直到排水清澈，抽干。根据出厂要求进行包装，低温（3~8℃）保存。

C 技术创新点及主要技术经济指标

与同类技术相比，该技术拥有独立自主知识产权，打破了国外技术垄断，所制备的固定化酶活力高、稳定性好、耐酸性强、合成水解比高；形成了 10t/a 合成酶规模化制备技术，可满足产业化需求；通过固定化酶制备技术生产的固定化酶，其酶活由 80U/g 提高至 120U/g 以上，已生产 200 百万单位的合成酶提交给示范工程——华北某制药企业进行使用，酶使用批次从 70 批提高到 300 批，提高了酶的催化效果和使用周期，降低了酶的使用成本，间接减少了固体废弃物的排放。

D 技术来源及知识产权概况

该技术拥有独立自主知识产权专利：一种合成用青霉素 G 酰化酶突变体及其在制备阿莫西林中的应用（ZL 201510736957.7）。

E 技术在示范工程中的应用概况

抗生素合成固定化酶规模化制备技术在华北某制药企业头孢氨苄千吨清洁生产示范工程中得到了很好的应用效果。

3.2　清洁生产工艺

3.2.1　头孢氨苄连续结晶技术与装备

3.2.1.1　技术简介

头孢氨苄（cephalexin）是一种 β-内酰胺类抗生素，属于广谱抗菌素类药物，它能抑制细胞壁的合成，使细胞内容物膨胀至破裂溶解，杀死细菌，常用于革兰氏阳性菌和阴性菌感染的治疗。其药用晶型为一水合物，因此也称为头孢氨苄一水合物（cephalexin monohydrate），化学名为(6R, 7R)-3-甲基-7-[（R）-2-氨基-2-苯乙酰氨基]-8-氧-5-硫杂-1-双环[4.2.0]辛-2-甲酸一水合物，分子式为 $C_{16}H_{17}N_3O_4S \cdot H_2O$，相对分子质量为 365.41，是一种白色至微黄色结晶固体[46]。结构式如图 3-5 所示。

头孢氨苄原料药制备采用酶法工艺或化学法合成，结晶是制备流程中获得最终固体产品的关键步骤。头孢氨苄是一种两性物质，其结晶制备工艺为调节反应合成物的 pH 值至等电点使溶质溶解度最低而大量结晶析出，实现头孢氨苄晶体产品纯化[47,48]。

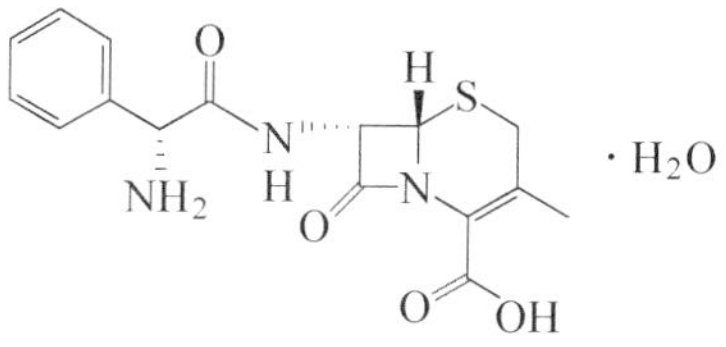

由于结晶过程反应（沉淀）速度快，易出现过饱和度突变，进而产生细小的晶体同时发生聚结现象，带来产品形貌差、杂质包藏、后续处理困难等问题，极大程度影响了其在过滤、制剂等工段的效率和质量。因此，研究并高效制备出晶型和流动性好、堆密度高的头孢氨苄药物晶体产品，提高技术与产品的附加值和市场竞争力，一直是本领域技术进步的驱动力[49,50]。

图 3-5　头孢氨苄结构式

以大宗抗生素结晶生产过程中工艺水减量、废水和 COD 减排，并结合生产实证的需求，资源化回收结晶母液，兼顾药物产品质量指标，完成了头孢氨苄药物基础研究、连续结晶工艺优化、智能化连续结晶装备设计等关键技术，形成年产 1000t 规模头孢氨苄原料药结晶清洁生产关键技术的放大设计工艺包，突破了二级连续结晶工艺路线，开发了适用的推进式全混型结晶装置及过程温度控制算法，保证了头孢氨苄药物连续结晶过程的高效化智能化清洁生产。结晶过程收率提高 2.4%，结晶母液中头孢氨苄减少 23%，COD 下降 40% 以上，药物产品晶型、粒度等质量指标显著提升，减排增效显著。

3.2.1.2　适用范围

头孢氨苄连续结晶技术与装备为系统解决大宗原料药头孢类抗生素清洁生产中的水问题提供了减排关键技术支撑。其可应用于相关药物清洁生产过程，适用于反应、蒸发、冷却、溶析结晶及其耦合结晶工艺，可以推广应用到其他化工、食品、医药中间体等行业的清洁生产中，从而有效提高结晶清洁生产技术的行业覆盖度。

3.2.1.3　技术就绪度评价等级

TRL-9。

3.2.1.4 技术指标及参数

A 基本原理

a 头孢氨苄药物连续结晶技术

头孢氨苄是一种两性物质，分子中含有羧基和氨基，pH 值对头孢氨苄的溶解度有很大影响。在等电点（pH 值为 4.3~4.8）左侧，即酸性条件下，溶解度随溶液 pH 值的增大而明显减小，晶体不断析出；在等电点附近，头孢氨苄溶解度受 pH 值影响不明显；在等电点右侧，即碱性条件下，溶解度随溶液 pH 值的增大而显著增加。在 pH 值恒定状态下，体系温度降低时，头孢氨苄的溶解度逐渐减小，但变化幅度较小。由于头孢氨苄在碱性条件下易发生降解，故在酸性条件下通过调节溶液 pH 值来制备头孢氨苄晶体，辅以冷却结晶进一步提高收率。

在医药、化工行业生产中，连续结晶的优势是设备数量少、生产效率高，过程更稳定易控，晶体产品质量的稳定性和一致性好。头孢氨苄结晶过程中伴随成核与生长，需要严格调控过程的过饱和度，即通过氨水的流加量来调控过程的 pH 值和晶浆悬浮密度，防止爆发成核导致产品细碎。加入晶种利于结晶成核控制，使过饱和度容易调控。结晶温度、停留时间、稳态 pH 值等是影响最终产品形态的关键因素，需严格控制，从而提高结晶产品质量和过程收率，降低单位产品的水消耗和母液中药物残留，降低废母液处理难度，实现清洁生产目标。

连续结晶是一个稳态的过程，期间操作参数保持一个相对稳定的范围，同时系统具有自我调整的能力，能够抵抗外界带来的波动并将系统重新带回平衡。连续结晶是结晶釜内同时进料、出料，并且进出料速率相等，从而保持结晶釜内体积恒定。因此要开启连续结晶，首先要制备一定的体积、温度、pH 值等于连续操作状态下的头孢氨苄底料。当起始底料制备完成后，开始进行连续进料、连续出料的连续操作。原料液的出料速率（Q_{out}）为

$$Q_{out} = V/\tau \tag{3-1}$$

式中，Q_{out} 为原料液的出料速率；V 为结晶釜工作体积；τ 为设定的停留时间。

当体系开始连续进出料后，称系统已经开始了连续操作，此时体系内不断发生成核、生长破碎的过程；同时结晶釜内的晶体悬浮液也会流出，从而造成结晶釜内晶核数量减少。以单个结晶釜为控制体，其内部粒子衡算方程为

$$\frac{\partial n}{\partial t} + \frac{\partial(Gn)}{\partial L} + n\frac{d(\log V)}{\partial L} + \frac{Q}{V}n = (B' - D') + \frac{Q_i}{V}n_i \tag{3-2}$$

式中，n 为晶体的粒数密度分布，是时间 t 和粒度 L 的函数；G 为晶体的生长速度；V 为溶液总体积；Q 为溶液的流率；B'，D' 分别是晶体的生、死函数；Q_i 为进出料的流率；n_i 为进出料晶浆中晶体的粒度分布。

式（3-2）即为粒数衡算方程（population balance equation）。由该方程可知，由于结晶釜内溶液处于过饱和状态，所以不存在晶体的溶解，D 项主要指晶体由结晶釜内排出。当结晶釜内粒子产生大于排出时，晶体的悬浮密度升高；当结晶釜内粒子产生小于排出时，晶体悬浮密度降低。晶体的生长、成核速率与过饱和度正相关，当系统过

饱和度产生波动时，譬如由于原料液浓度变高，系统成核速率提升，产生的过量的晶核使得系统晶浆密度大于稳态值，过量的晶体将会排出，从而使该结晶系统重新回到稳态值，这种自我调节的能力称为连续结晶系统的自调节，是连续结晶稳态系统抵抗外界波动的机制。

当系统开始连续操作后，由于晶核数量、晶浆过饱和度等因素尚未达到稳态值，系统会通过系统自调节机制，生成晶体、排出晶体等使得系统逐步达到稳态值。而系统从连续操作开始之时，到最终稳定状态达成之时，一般需要 8~10 个停留时间。从连续操作开始之时，对每个停留时间内的产品进行取样分析，获得头孢氨苄产品达到稳态过程中的形貌变化。在操作时间大于 10 倍停留时间后，通过对系统进行粒数、形貌分析，确定其达到了稳态，并分析达到稳态后产品各项指标的变化。

b　智能化连续结晶装备设计

根据开发的连续结晶工艺特性、物料流向与体积变化规律，设计了适用构型结晶器。该装备采用高效推进式螺旋搅拌桨，成功实现头孢氨苄两级连续结晶装置的物料良好混合，解决了反应结晶装置局部过饱和度高、爆发成核问题，并使用计算流体力学方法验证了结晶器结构设计的合理可靠性。结果表明各级结晶器中速度场均匀，颗粒分布均匀。同时为实现头孢氨苄连续结晶过程中料液温度及其变化速率的精确调控，本课题设计开发了一套化工过程温度调控的自校正模糊控制算法软件，解决了大滞后温度控制问题，避免了头孢氨苄连续结晶过程中产生结垢现象，保证并实现了连续结晶装备的信息化、智能化。

连续结晶设备与过程操作的一个难题是大规模结晶器中物料的良好搅拌混合和产品粒度控制。设计了一种高效推进式全混型结晶器，通过结晶器的特定构型及工艺物料流程与操作控制，稳定调控结晶物系的过饱和度，有效调控晶体成核与生长，实现晶体粒子的粒度分级，从而改善连续结晶过程的产品粒度小、设备结垢、管路堵塞、运行周期短等问题，提高连续结晶过程的稳定运行周期，保证产品质量。结晶过程的推动力是过饱和度，各级结晶器的过饱和度与结晶方式有关，实时调节过饱和度，可有效降低或消除产生的细晶颗粒，提高连续结晶产品粒度。晶体成核过程的控制很重要，需要调控每级结晶器的晶浆悬浮密度，尤其是一级结晶器的晶浆悬浮密度需控制在 3%~10%，控制较低的过饱和度，避免爆发成核造成的产品细碎。螺旋搅拌桨降低了晶体碰撞成核概率，结晶器的混合效果良好，保证小晶体有足够的生长时间，有利于增大最终产品粒径，制备的晶体粒度大且粒径均匀，外观形态好，且粒度维持稳定。

所设计的连续结晶装置适用于反应结晶、蒸发结晶、冷却结晶等。

B　工艺流程及装备

为了保证头孢氨苄产品一致性，工艺过程的可控性和稳定性，提高结晶过程收率，降低流程的工艺水消耗，设计开发了二级连续结晶的流程（见图 3-6）。优化头孢氨苄结晶生产过程中的主要影响因素，实现结晶过程中溶剂、过饱和度场、温度场、pH、流体力学场、悬浮密度场等参数的耦合相关调控，建立头孢氨苄类药物反应-连续结晶集成耦合制备技术。

头孢氨苄水溶液的溶解度随 pH 值变化较快，为了控制产品粒度和堆密度，需要调控体系的过饱和度，采用料液和氨水双管流加的方式。一级结晶器中加入适量的氨水，控制适宜的 pH 值，尽量减少成核现象，然后料液晶浆进入二级结晶器，继续加入氨水，调节到终点，继续析出晶体。为了提高结晶收率，二级结晶器中将料液温度降温至 10~25℃。

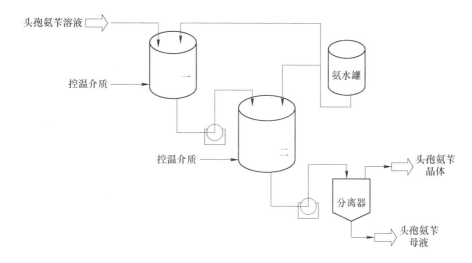

图 3-6　头孢氨苄药物连续结晶技术工艺流程

其工艺流程如下：

（1）原料液头孢氨苄质量浓度为 12%~15%，pH 值为 1.6~1.9。

（2）一级结晶。结晶器底液 2%~3% 的头孢氨苄悬浮液，料液和碱液双管流加 3~4m³/h，控制料液 pH 值，温度 30~40℃，20min 后，开始一级结晶器底部排出晶浆，二级结晶器顶部进，连续进出料。

（3）二级结晶。温度 30~40℃，缓慢加氨水 15~30min，pH 值调至（4.8±0.2）；2h后，料液由 30~40℃降温至 10~25℃。

（4）晶浆经过滤、洗涤、干燥，得到头孢氨苄晶体产品。

智能化连续结晶装备设计：设计了一种高效推进式全混型结晶器，解决头孢氨苄连续结晶中的固液搅拌混合效果差、局部过饱和度高导致爆发成核产品细碎等问题。采用高效推进式螺旋搅拌桨和适用结晶器构型，实现结晶器中固液流股快速充分混合与扩散，高效传热、传质，保证大型结晶器的过饱和度均匀，提高晶体产品晶型和过程收率。采用计算流体力学CFD 动态模拟两级结晶器的搅拌混合情况，结果表明各级结晶器中速度场均匀，颗粒悬浮分布均匀，物料混合效果良好，两级结晶器的结构设计和搅拌桨叶设计是合适的。

依据物料体积、多股固液料液混合、反应过程特点，一级结晶器设置有效容积 2~3m³，为单层推进式螺旋桨，二级结晶器有效容积为 5m³，为双层推进式螺旋桨，保证多股反应料液快速、充分混合与扩散。头孢氨苄多级连续结晶装备由多个结晶器串联，每个结晶器称为一级，每级结晶器外部配有加热/冷却换热器，提供结晶过程需要的热量/冷量输入；晶浆由 W 形底部出料口进入二级结晶器，二级结晶器的出料口料液进入固液分离设备，得到晶体产品。

溶液结晶过程中温度控制示意图如图 3-7（a）所示，采用夹套通入加热/冷却介质的操作方式，通过调节加热/冷却介质阀门 FT101 开度来调控加热/冷却介质的流量，实现结晶物料温度 TIC101 的升高/降低，制备出结晶产品。设计开发的一套化工过程温度调控的自校正模糊控制算法软件，原理结构如图 3-7（b）所示，用于溶液结晶过程的料液温度及其变化速率的精确调控。该算法基于模糊控制理论，以温度偏差和温度偏差变化率作为模糊控制器输入，经过精确量模糊化/模糊推理/模糊量精确化等步骤，得到调控阀门增减量。此方法有效提高了化工冷却/加热生产过程中料液温度和降温/升温速率控制精度。实践表明，该自校正模糊控制器响应速度快，超调量小，是解决大滞后温度控制问题的一种实用有效算法。此技术获软件著作权登记（2019SR0862371），实现了头孢氨苄连续结晶装置及结晶过程的信息化、智能化。

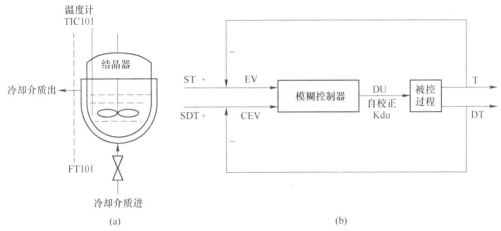

图 3-7　结晶过程温度控制与自校正模糊控制算法结构

（a）结晶过程温度控制；（b）自校正模糊控制算法结构

C　主要技术创新点及经济指标

a　主要技术创新点

结合生产实证需求，以头孢氨苄结晶生产过程中工艺水减量、废水减排为目标，兼顾药物产品质量指标，系统开展了头孢氨苄药物晶体工程学、结晶过程工艺参数优化、药物连续结晶技术建立、智能化连续结晶装备设计等研究，涉及分子层次—小试基础试验—工程开发与实证等尺度，实现了二级连续结晶工艺路线，开发了适用的推进式全混型结晶装置、过程温度控制算法，保证了头孢氨苄药物连续结晶过程清洁生产的高效化、智能化。

b　经济指标

该研究成果荣获 2019 年天津市科技进步特等奖，专家组鉴定意见为"研究成果总体技术达到了国际领先水平"。其理由为：（1）开发了头孢氨苄水相连续结晶绿色精制技术与智能化装备，在华北某制药企业千吨级头孢类原料药结晶生产线得到了产业化应用，实现了高堆密度头孢氨苄等药物产品的可控制备。（2）攻关形成了具有自主知识产权的反应溶析耦合结晶技术与装置，实现医药、食品及饲料添加剂等产品晶型的有效调控，打破国外技术垄断，产品进入国际高端市场。（3）开发的技术成果适用面广，可推广于多品种药物类型的结晶过程，如新发药业维生素、新华制药公司布洛芬、新安化工集团有限公司富含磷酸钠的农药草甘膦废水等结晶生产线，产品质量均达到或优于国际同类产品水平，年新增利税过亿元，减排增效成果显著，有效助力制药等行业结晶清洁生产技术行业覆盖度的提高。

D 工程应用及第三方评价

围绕抗生素头孢氨苄原料药酶法制备流程中的结晶工序开展了药物晶体形态调控规律探究、连续结晶过程工艺优化、结晶母液资源化回收等工作，形成了年产 1000t 规模头孢氨苄原料药绿色精制关键成套技术解决方案与工艺包，并在华北某制药企业进行工程实证。结晶过程头孢氨苄的收率较原有间歇结晶提高 2.4%，结晶母液中头孢氨苄减排 23.1%，废水减排 30%，COD 下降 40% 以上，头孢氨苄产品晶型、粒度等质量指标明显提升，减排增效成果显著。

3.2.2 结晶母液中头孢氨苄回收技术

3.2.2.1 技术简介

头孢氨苄结晶母液是头孢氨苄合成反应液在基于其等电点结晶产品分离后剩余的液体，含有 1.5% 左右的头孢氨苄，其有效回收方法开发一直是关注热点。络合法回收头孢氨苄结晶母液的回收率较高，应用较广泛，但也存在有机试剂用量大、回收流程复杂等问题[51,52]。为解决这些问题，开发了一种头孢氨苄结晶母液清洁化资源化回收技术，包括结晶母液酶法裂解、溶析/冷却结晶除苯甘氨酸、反应结晶提纯 7-氨基去乙酰氧基头孢烷酸，并将回收产物返回至前序酶法合成步骤用于制备头孢氨苄，提高过程总收率。

7-氨基去乙酰氧基头孢烷酸（简称 7-ADCA，分子式为 $C_8H_{10}N_2O_3S$，结构如图 3-8 所示）是合成广谱抗生素头孢氨苄的重要中间体。酶法裂解头孢氨苄结晶母液中包含大量苯甘氨酸，主要有两个来源：（1）为提高前步的 7-ADCA 的转化率，7-ADCA 和过量的苯甘氨酸酶合成反应生成头孢氨苄，并一直存在于体系中；（2）头孢氨苄结晶母液裂解生成了苯甘氨酸[53,54]。现有头孢氨苄

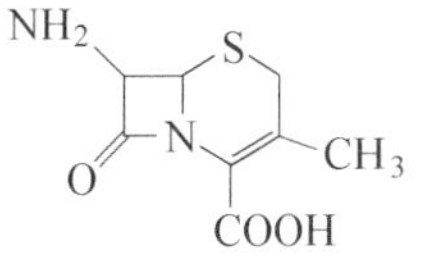

图 3-8 7-ADCA 结构式

结晶母液酶法回收技术是直接将裂解后母液加酸调 pH 值至 7-ADCA 的等电点，使其结晶析出，但同时体系中含量较高的苯甘氨酸也伴随结晶析出，由此造成 7-ADCA 纯度和收率偏低、回收效果差等问题[55]。

为解决现有回收技术存在的问题，建立了头孢氨苄结晶母液酶法资源化回收技术。该技术采用酶裂解方式将头孢氨苄去侧链转变为 7-ADCA，并利用其与其他组分物质的热力学行为差异，采取溶析/冷却-反应耦合结晶技术优先分离苯甘氨酸，解决了其与 7-ADCA 共同结晶析出、影响产品纯度的难题，实现了头孢氨苄结晶母液体系中 7-ADCA 的高效分离提纯。获得的 7-ADCA 产品可循环利用于前序反应工段，以实现头孢氨苄总收率提高。相较于现有的头孢氨苄结晶母液回收方法，本回收技术有毒有害物质的用量大大减少，环境友好，不再引入新的溶料水，结晶母液中的有机物组分得到了充分回收，产品纯度及收率高，经济实用性和技术竞争力强。

3.2.2.2 适用范围

开发的头孢氨苄结晶母液清洁化资源化回收技术为系统解决大宗原料药头孢类抗生素

清洁生产中的结晶母液处理问题提供了绿色回收技术支撑。该技术中蕴含的结晶母液处理技术方案（酶法绿色裂解、基于热力学差异分质结晶）可以推广到其他头孢类抗生素的结晶母液回收处理工艺开发中，有效提高制药行业母液清洁化回收技术水平。

3.2.2.3　技术就绪度评价等级

TRL-5。

3.2.2.4　技术指标及参数

A　基本原理

结晶母液回收技术主要包括两部分：（1）使用适宜裂解酶充分裂解结晶母液中残留的头孢氨苄；（2）提纯回收 7-ADCA。酶裂解头孢氨苄的机理是利用裂解酶断裂头孢氨苄的酰胺键获得 7-ADCA 和苯甘氨酸（见图 3-9），优化影响酶裂解反应的主要因素有：酶投加量、温度、pH 值和搅拌速率，其中酶投加量和温度对于反应影响较大，裂解速度随酶投加量的增大先变快，达到极值点后速度不再明显增大；随温度的升高，裂解速度有显著提升。同时，较高的 pH 值和较快的裂解反应速度也有助于抑制 7-ADCA 异构体生成。

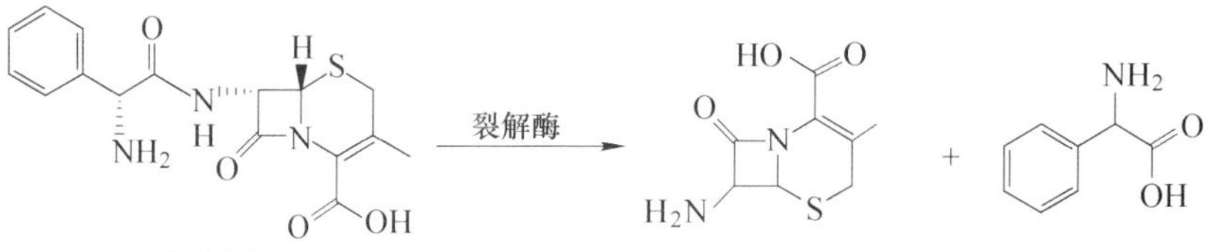

图 3-9　头孢氨苄酶裂解反应示意图

裂解反应结束后获得的裂解清液中含有 7-ADCA 和苯甘氨酸。两者均属于两性物质，热力学行为上的相似性造成了两种物质分离的难度较大。通过大量的基础数据测定，发现 7-ADCA 和苯甘氨酸在不同 pH 值、不同醇类溶剂组成、不同温度环境下的裂解液体系中的热力学行为特性有较大差异，利用该特点先促使裂解清液中苯甘氨酸大量结晶沉淀析出，之后再调节 pH 值至 7-ADCA 等电点附近，进而以高收率结晶出高纯度的 7-ADCA。由此分别得到两种高品质产品，并将其回用到前序合成反应步骤制备头孢氨苄，提高过程总收率及经济性。

B　工艺流程

头孢氨苄结晶母液回收技术工艺流程如图 3-10 所示，图 3-10（a）是裂解结晶母液中的头孢氨苄生成 7-ADCA 和苯甘氨酸，裂解过程转化率高，达到 99% 以上，其中较高的 pH 值和较短的裂解时间有助于抑制 7-ADCA 异构体生成，裂解液固液分离后获得裂解清液和裂解酶。图 3-10（b）和（c）可采用两种技术途径：（1）调节 pH 值使苯甘氨酸少量沉淀析出，同时加入醇类溶剂，进一步促使裂解清液中苯甘氨酸大量结晶沉淀析出，而 7-ADCA 并未析出，由此裂解清液体系中的苯甘氨酸被高效分离；（2）通过调节 pH 值和

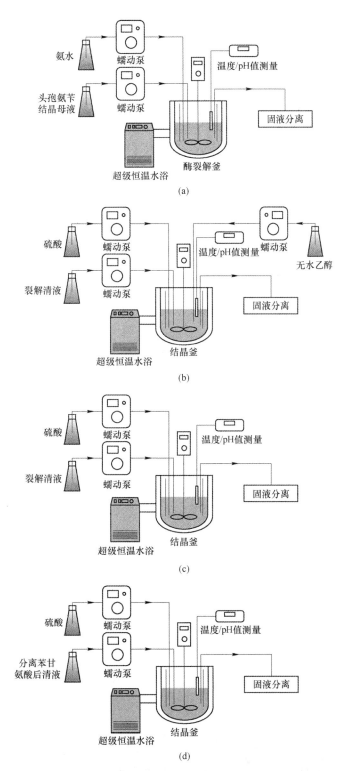

图 3-10　头孢氨苄结晶母液清洁化、资源化回收技术工艺流程

（a）环节 1，酶裂解；（b）环节 2，加醇类溶剂分离苯甘氨酸；（c）环节 2，不加醇类
溶剂分离苯甘氨酸；（d）环节 3，分离 7-ADCA

料液降温冷却操作来实现苯甘氨酸的优先分离。图 3-10（d）是调节 pH 值至 7-ADCA 等电点附近，进而以高收率结晶出高纯度的 7-ADCA。

3 个环节的具体参数如下：

（1）环节 1：15~40℃搅拌作用下，将碱性调节剂加入头孢氨苄结晶母液中，保持 pH 值 7~8，加入青霉素 G 酰化酶进行头孢氨苄裂解反应 15~45min，将裂解液固液分离后获得裂解清液，头孢氨苄裂解转化率 99%以上，裂解酶可循环使用。

（2）环节 2：15~40℃搅拌作用下，将酸性调节剂加入上述的裂解清液中，调节 pH 值至 6~7，加入结晶母液体积 0.1~1 倍量的醇类溶剂，并/或以 4~10℃/h 的降温速率降温至 5~10℃，使裂解清液中的苯甘氨酸结晶沉淀析出，经固液分离后获得清液和苯甘氨酸固体。

（3）环节 3：20~40℃搅拌作用下，将酸性调节剂加入前述分离出的清液中，调节 pH 值至 3~4，经固液分离、洗涤、干燥，获得 7-ADCA 产品。

针对分离苯甘氨酸这一步骤，提出了以下几种工艺路线筛选条件（见表 3-2）。

表 3-2　分离苯甘氨酸工艺路线筛选

反应结晶条件	乙醇体积比	冷却结晶条件/℃
pH 值为 7	0.2~0.4 倍	15
		10
		5

针对结晶分离提纯 7-ADCA 这一步骤，提出了以下几种工艺筛选条件（见表 3-3）。

表 3-3　结晶分离提纯 7-ADCA 工艺条件筛选

升温/℃	旋蒸乙醇	反应结晶
25	是	一调 pH 值为 4.5~4.7，
30	否	二调 pH 值为 3.8~4.0

通过 22 种工艺组合筛选，发现每一条工艺路线的产品均比原先不分离苯甘氨酸的酶裂解工艺产品纯度高，且收率达到 90%以上。可见本技术提出的溶析-冷却结晶去除苯甘氨酸的有效性。

C　主要技术创新点及经济指标

a　主要技术创新点

（1）该技术分别获得了高纯度的 7-ADCA 和苯甘氨酸，获得的 7-ADCA 纯度高于 99%，杂质苯甘氨酸含量低于 0.5%，无 7-ADCA 异构体，获得的苯甘氨酸纯度高于 99%。二者均可以作为前序头孢氨苄的合成原料使用，满足了实际生产的需要。

（2）该技术能够对头孢氨苄结晶母液中的苯甘氨酸优先有效分离，从而实现 7-ADCA 高效回收，以原料结晶母液中的 7-ADCA 和裂解生成的 7-ADCA 计，7-ADCA 收率为 90%左右。

（3）相较于现有的头孢氨苄结晶母液回收方法，该技术有毒有害物质用量大大减少，环境友好，不再引入新的溶料水，结晶母液中的有机物组分得到了充分回收，产品纯度及收率高，经济实用性强。

（4）该技术全过程条件简单温和，适宜大规模工业化生产。

b 经济指标

经天津市环科检测技术有限公司检测，该回收技术处理后的结晶母液 COD 值在 1.1×10^4 mg/L 左右，相比化学法下降 60% 以上。因此，该回收技术将大幅度减轻后续环保废水处理的操作压力和经济成本，绿色环保。回收的 7-ADCA 和苯甘氨酸通过循环利用于前序合成工段，可以实现头孢氨苄总收率提高，进一步降低生产成本。

D 工程应用及第三方评价

该头孢氨苄结晶母液清洁化、资源化回收技术已在华北某制药企业进行了小试工艺验证，结果表明回收的 7-ADCA 和苯甘氨酸产品符合华药质量标准，7-ADCA 收率为 90% 左右。回收产品在酶法头孢氨苄合成反应中套用效果良好，获得的头孢氨苄产品纯度好、质量稳定、各项指标符合华药头孢氨苄产品的要求。

3.3 水资源的回收

3.3.1 反渗透膜分离技术

3.3.1.1 技术简介

反渗透膜分离技术采用反渗透技术原位再生，将凝结水制备为纯水，满足提取工段纯水需求，替代外购纯水，从而有效降低新鲜水耗和废水排放，为行业节水减排、清洁生产提供技术支持。

3.3.1.2 适用范围

反渗透膜分离技术的适用范围：制药行业凝结水。

3.3.1.3 技术就绪度评价等级

TRL-6。

3.3.1.4 技术指标及参数

A 基本原理

采用反渗透技术处理制药凝结水，该废水呈酸性，pH 值大约为 3.2，水温较高，水的硬度、无机盐含量、悬浮固体含量很低，有机物含量较高，TOC 浓度约 356.8mg/L，电导率为 164.2μS/cm。蒸汽在使用后绝大部分变成冷凝水，其水质接近纯水的水质，是宝贵的可再次利用能源[56,57]。提取工段每天有 500t 左右的凝结水未进行任何利用，同时提取工段离子交换工艺中的离子交换树脂清洗需消耗大量纯水，对水质要求较低，电导率小于 20μS/cm 即可满足需求，有效降低新鲜水耗和废水排放，为行业节水减排、清洁生产提供技术支持。

B　工艺流程

反渗透处理系统流程如图 3-11 所示。

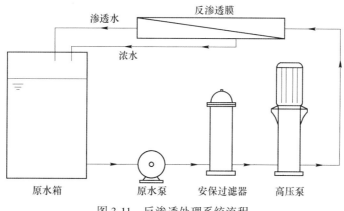

图 3-11　反渗透处理系统流程

C　主要技术创新点及经济指标

近年来，随着膜材料和制膜技术的迅猛发展，开发出了各种性能优异的反渗透复合膜，这些膜对水中小分子有机物的截留率较高，有的还具有一定的抗污染、耐有机溶剂等性能，极大地提高了反渗透技术用于小分子有机物分离的可行性[58]。采用反渗透技术回收制药凝结水，相对蒸发法具有节水、节能的优势，因此，从技术集成的角度，该套集成技术和设备具有明显先进性。

凝结水处理成本主要包括电费、药剂费、膜组件费等，以本中试规模的设备为例计算如下：设备运行功率约为 2kW，凝结水原位再生成本为 2.96 元，企业外购纯水吨成本约为 8 元，每吨纯水可节约成本 5.04 元，每吨纯水节约加热成本 3.6 元，每吨纯水可产生经济效益 8.64 元。

D　工程应用及第三方评价

反渗透膜分离技术不仅可以减少外购纯水量，减少购水费用，还可以削减废水排放量，减轻末端废水处理压力。目前该技术和设备已应用于东北某制药企业 VC 生产提取工段三效蒸发凝结水的中试规模试验，产水规模 500L/h。反渗透进水应调节 pH 值为 6~7，温度小于 35℃，进水压力为 1~1.5MPa，回收率为 50% 左右，脱盐率高于 99%，TOC 去除率高于 98%。当进水电导小于 800μS/cm，TOC 小于 350mg/L 时，所产纯水电导小于 7μS/cm，TOC 小于 6mg/L；当进水电导小于 1800μS/cm，TOC 小于 1000mg/L 时，所产纯水电导小于 15μS/cm，TOC 小于 15mg/L。产水可满足 VC 制药提取工段纯水水质要求，从而替代外购纯水。

该工艺将制药凝结水处理后达到 VC 制药提取工段所需纯水的水质要求，不仅可以减少外购纯水量，减少购水费用，还可以削减废水排放量，减轻末端废水处理压力；另外，为避免温差过大损坏生产设备，外购纯水需加热后才能满足提取工段水温要求，而该工艺可充分利用凝结水的余温,所产纯水温度控制在35℃左右,能够减少加热耗能。因此制药凝结水原位再生制备纯水技术具有明显的环境和经济效益,对促进制药行业的节水减排具有重要作用。

该集成设备操作简单、占地面积小、处理效率高(见图3-12)。该技术在东北某制药公司实施后,可大大减少外购纯水量及相应的购水费用,还可减少废水排放量及加热耗能,因而具有很好的适用性和应用前景。

图 3-12 反渗透处理装置

3.3.2 陶瓷膜超滤分离技术

3.3.3.1 技术简介

陶瓷膜超滤分离技术采用反渗透技术原位再生,将凝结水制备为纯水,满足提取工段纯水需求,替代外购纯水,从而有效降低新鲜水耗和废水排放,为行业节水减排、清洁生产提供技术支持。

3.3.3.2 适用范围

陶瓷膜超滤分离技术的适用范围:制药行业维生素发酵废水。

3.3.3.3 技术就绪度评价等级

TRL-6。

3.3.3.4 技术指标及参数

A 基本原理

采用无机陶瓷膜高效分离 VC 发酵醪液渣中古龙酸钠。VC 生产采用细菌发酵,发酵液中蛋白胶体及细菌代谢产物的分离是提取工段的难题。采用无机陶瓷膜高效分离 VC 发酵醪液渣中古龙酸钠，具有操作方便、节能、不造成新的环境污染等优点，耐高温；化学稳定性好，能抗微生物降解；对于有机溶剂、腐蚀气体和微生物侵蚀表现出良好的稳定性；机械强度高，耐高压，有良好的耐磨、耐冲刷性能；孔径分布窄，分离性能好，渗透量大，可反复清洗再生，使用寿命长；对发酵液染菌批次物料也能很好的处理。因此其在2-酮-L-古洛糖酸的分离提纯中的应用日益广泛。

B　工艺流程

图 3-13 为陶瓷膜过滤装置实验设计图。

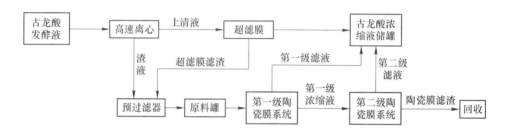

图 3-13　陶瓷膜过滤装置实验设计图

C　主要技术创新点及经济指标

目前醪液分离技术包括加热、絮凝、有机膜超滤和超临界萃取等方法。加热会影响古龙酸的收率；絮凝使用絮凝剂增加成本，遇到严重染菌批号又影响絮凝效果，滤液质量差，而且影响下游树脂收率；超临界萃取操作条件较为严苛，且该项技术只停留在实验室阶段，并没有工程化。有机板式超滤膜不能分离固形物含量高的液体，无机陶瓷膜则具有聚合物分离膜所无法比拟的一些优点：耐高温；化学稳定性好，能抗微生物降解；机械强度高，耐高压，有良好的耐磨、耐冲刷性能；孔径分布窄，分离性能好，渗透量大，可反复清洗再生，使用寿命长；对发酵液染菌批次物料也能很好的处理[59]。因此对高固含量的 VC 发酵液，无机陶瓷膜过滤有较大的优势。

陶瓷膜工艺对古龙酸的收率比原絮凝-沉淀工艺平均提高了 20.64%。该技术中所用陶瓷膜分离、稳定性好，耐磨、耐冲刷性能强，使用寿命长，能经济高效地提高古龙酸和VC 的品质和收率。因此，该技术具有明显先进性。

VC 发酵每批料平均产生 7.5t 高速离心渣液，平均古龙酸含量为 69.81mg/mL，车间收率约为 86.5%。每月高速离心渣液中古龙酸总量为 52357.5kg，经陶瓷膜处理后每年可以多产古龙酸 9347.7kg，年创经济效益 126.2 万元。

D　工程应用及第三方评价

陶瓷膜超滤分离技术在高效回收产品的同时，减少了进入废水的有机物，降低了污水处理厂的负荷。目前该技术和设备已应用于东北某制药企业高浓度 VC 醪液的生产规模试验。同厂里原有的絮凝-沉淀工艺相比，陶瓷膜工艺回收的料液透光率提高了 20.64%，物料中的蛋白含量明显降低，物料质量明显提高，从而有效提高后续工艺古龙酸和 VC 的品质和收率。

环境效益分析：VC 发酵醪液在东北某制药企业的产生量约为 120t/d。陶瓷膜处理过程中无需添加助剂，浓缩物质（菌丝体等）可回收利用，减少废渣排放 2500t/a，每年减少有机污染物产生与排放（折合 COD）142.1t。并且陶瓷膜滤液中杂质含量明显降低，减轻了后续离子交换工艺的负担，延长了清洗周期，减少了废水排放。采用原絮凝沉淀工艺时，离子交换废水排放量为 2600m³/d，COD 浓度约为 850mg/L；采用陶瓷膜工艺后离子交换废水排放量为 1752m³/d，COD 浓度约为 773mg/L，年减排 COD 258t，COD 排放量降低了 38.91%。

该集成设备（见图 3-14）操作简单、占地面积小、处理效率高，可大大减少进入废水的有机物，有利于废水的后续生化处理。该技术在东北某制药企业实施后，可增加古龙酸的产量，增加盈利，因而具有很好的适用性和应用前景。

图 3-14　陶瓷膜实验装置

3.4　有价资源的回收技术

3.4.1　络合-解络合富集分离技术

3.4.1.1　技术简介

通过在复杂的高浓度氨氮废水中加入碱，使铵离子转化为氨分子，废水中存在多余的氢氧根离子。废水换热升温后进入汽提精馏塔内，通过控制输入汽提塔内蒸汽流量和蒸汽压力来控制塔内温度分布，使液体在汽提塔内一定的温度区域保持一定的停留时间，络合物会在高温区域吸收能量，配位键被破坏，实现重金属与氨的解络合。氨气在高温下挥发，实现氨与水的气液分离，同时溶液中过量氢氧根与解络合重金属反应生成沉淀使解络合反应化学平衡向右移动，促进重金属-氨的解络合。如此反复经过多级反应平衡之后，最终实现氨的彻底脱除。最终氨氮在塔顶经冷凝吸收后形成浓度大于16%的高纯氨水，处理后塔底出水氨氮浓度小于10mg/L。

3.4.1.2　适用范围

适用于制药等行业产生的高浓度氨氮废水（氨氮浓度1~70g/L）的资源化处理。

3.4.1.3　技术就绪度评价等级

TRL-7，工程示范。

3.4.1.4　技术指标及参数

A　基本原理

基于氨与水分子相对挥发度的差异，通过氨-水的气液平衡、金属-氨的络合-解络合反应平衡、金属氢氧化物的沉淀溶解平衡的热力学计算，在汽提精馏脱氨塔内将氨氮以分子氨的形式从水中分离，然后以氨水或液氨的形式从塔顶排出，并资源化回收为高纯氨水或铵盐产品[59~61]，可回用于生产或直接销售。脱氨后废水氨氮浓度降至10mg/L以下，可直接排放或处理后回用于生产。

B　工艺流程

图3-15为有价资源的回收技术工艺流程，废水首先进入预热器中进行预热，并根据需要选择加入碱，然后从脱氨塔中部的废水入口进入脱氨塔。废水与来自脱氨塔底部的蒸汽逆流接触，废水中的氨在蒸汽汽提的作用下进入气相，在脱氨塔的精馏段经过多次气液相平衡后，气相中的氨浓度大幅度提高，由塔顶进入塔顶冷凝器，含氨蒸汽被液化为稀氨水，稀氨水再经过回流泵从塔顶回流到脱氨塔中，当冷凝氨水浓度达到所需浓度（16%~

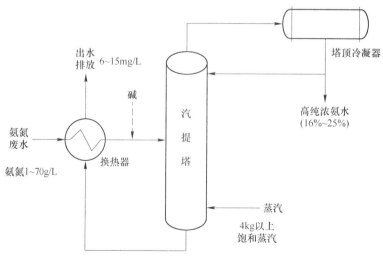

图3-15　有价资源的回收技术工艺流程

25%）后，氨水作为产品被输送到回收氨水储罐。脱氨后废水由塔底流出（氨氮小于10mg/L），塔底出水经与进塔废水换热后可达标排放或回用，也可进入后续金属回收系统进行重金属回收。

C 主要技术创新点及经济指标

a 技术创新点

（1）研制药剂强化热解络合—分子精馏分离技术，一步处理实现废水氨氮由1~70mg/L降至低于10mg/L（最低可小于5mg/L），氨氮削减率大于99%。实现了废水中氨资源的高效提取与纯化，可回收浓度16%~25%的高纯氨水，并闭路循环于生产工艺，氨资源回收率大于99%。

（2）研制氨氮废水精馏处理的系列关键技术，包括塔内件的三维可视化设计技术，流型流态可视化技术，力学性能可视化技术，槽式液体分布器等，它们显著增强了设备的抗垢性能，实现设备长期稳定运行，清塔周期由2周延长到180天。将运行弹性负荷由传统70%~130%拓宽到20%~140%、能耗降低20%。

b 经济指标

以处理量800m³/d，进水氨氮浓度8000~16000mg/L、镍浓度10~20mg/L，处理出水氨氮浓度低于10mg/L、镍浓度低于1mg/L的示范工程为例。

该项目总投资1200万元，其中设备投资900万元，基建费用200万元，其他费用100万元。运行费用600万元/年，吨水运行费用25元，企业通过污染物减排和资源回收利用实现经济净效益430万元/年，投资回收年限为2.8年。示范工程运行能将废水中氨氮由8000~16000mg/L一步处理至10mg/L以下。示范工程正常运行每年可减排高浓度氨氮废水24万吨，减排氨氮2900t，减排重金属镍约4.2t，有效减少污染物排放。

3.4.2 湿式氧化—磷酸盐沉淀回收技术

3.4.2.1 技术简介

磷霉素制药废水是化学合成类磷霉素生产过程中产生的高浓度难降解有机废水，其中COD高达十几万到几十万毫克每升，有机磷达几万至十几万毫克每升，废水中高浓度有机物、高浓度有机磷中间体对微生物抑制作用强，常规物化和生物处理方法均无法实现其达标排放。

湿式氧化-磷酸盐固定化回收耦合技术是在湿式氧化条件下，利用分子氧破坏磷霉素废水中高浓度有机磷化合物C—P，实现P的无机化的同时将废水中高浓度有机物转化为小分子有机酸，去除废水的生物毒性，提高可生化性，实现废水中COD去除率达95.0%和有机磷转化率达99.0%以上。在此基础上，采用磷酸钙和磷酸铵镁结晶回收技术，通过钙、铵镁磷酸盐结晶沉淀方法对废水中无机化磷酸盐进行回收，在Mg^{2+}：NH_4^+-N：PO_4^{3-}-P摩尔比1.2：1：1以及Ca^{2+}：PO_4^{3-}-P摩尔比1.2：1，进水无机磷浓度15000mg/L条件下，磷酸盐固定化回收率达到99.9%以上，出水PO_4^{3-}-P浓度低于5.0mg/L，有效实现了废水中磷元素的资源化回收，并有效降低了废水中高浓度磷酸盐对后续生化处理的影响[62]。

3.4.2.2　适用范围

湿式氧化—磷酸盐沉淀回收技术的适用范围：含有机磷高浓度工业废水。

3.4.2.3　技术就绪度评价等级

TRL-6。

3.4.2.4　技术指标及参数

A　基本原理

在湿式氧化条件下，利用分子氧破坏磷霉素废水中高浓度有机磷化合物 C—P，实现 P 的无机化的同时，将废水中高浓度有机物转化为小分子有机酸，去除废水的生物毒性，提高可生化性，实现废水中 COD 去除率达 95.0% 和有机磷转化率达 99.0% 以上。在此基础上，采用磷酸钙和磷酸铵镁结晶回收技术，通过钙、铵镁磷酸盐结晶沉淀方法对废水中无机化磷酸盐进行回收[63~65]。

B　工艺流程

工艺流程为"湿式氧化—无机磷的沉淀—磷的回收"。具体如下：
（1）首先将高浓度有机磷废水装入湿式氧化反应器中，密闭。
（2）预热至设定温度，开启搅拌，采用高压氧气钢瓶通入指定分压的氧气，开始湿式氧化反应。
（3）采用磷酸钙（CP）沉淀法，向出水中投加一定量的饱和 $CaCl_2$ 溶液，或采用磷酸铵镁（MAP）结晶法，投加一定比例的 $MgCl_2$ 和 NH_4Cl 溶液，静置反应约半小时，得到上层上清液与底层磷酸钙或磷酸铵镁晶体沉淀。
（4）底层磷酸钙或磷酸铵镁晶体作为磷资源得到回收，而上清液可进入生化单元进一步处理，实现达标排放。

C　主要技术创新点及经济指标

该技术采用湿式氧化的方式，大量削减了废水的 COD，改善了废水的可生化性，使得废水中的 99.0% 有机磷实现无机化；同时钙、铵镁磷酸盐结晶沉淀方法对生成的无机磷进行固定化回收，从而有效实现了废水中磷元素的资源化。

湿式氧化成本相对较高，但可通过磷酸盐固定化回收降低处理成本。废水有机磷浓度为 10000mg/L 时，处理成本为 30~35 元/t，但可回收的磷酸盐价值约 20 元，吨水合计成本约为 10~15 元；废水有机磷浓度为 40000mg/L 时，处理成本约为 35~40 元/t，但可回收的磷酸盐价约 35~40 元，吨水合计成本几乎为零元；当废水浓度更高时，可通过废水的处理实现部分利润。

D　工程应用及第三方评价

东北某制药企业是目前国内乃至世界上最大的化学合成类磷霉素生产企业，其磷霉素产量占世界磷霉素生产总量的40%以上，其高浓度磷霉素废水产生量10299t/a，本技术在东北某制药企业实施后，可实现年削减COD 720.9t，特征污染物有机磷年削减量154.5t。同时可实现磷资源回收751.8t（以$MgNH_4PO_4 \cdot 6H_2O$计）。该集成设备氧化效果好、占地面积小、处理效率高，对高浓度的磷霉素钠而言具有很好的适用性和应用前景。

该反应器在高效去除COD的同时，还可有效地强化对磷霉素钠等有机磷类物质的降解，并实现磷的回收（见图3-16）。废水进水COD 60000mg/L，总有机磷15000mg/L条件下，在反应时间30min内，可实现出水COD 3000mg/L以下，总有机磷20mg/L以下，COD和有机磷去除率分别为95.0%和99.0%以上。在Mg^{2+}：NH_4^+-N：PO_4^{3-}-P摩尔比1.2：1：1以及Ca^{2+}：PO_4^{3-}-P摩尔比1.2：1条件下，磷酸盐固定化回收率达99.9%以上，并可实现吨水回收磷酸盐109.8kg（以$MgNH_4PO_4 \cdot 6H_2O$计）。

高浓度磷霉素钠废水在东北某制药企业的产生量约为30t/d，该技术在该企业应用后，每天可减少COD排放1700kg、减少有机磷排放450kg。

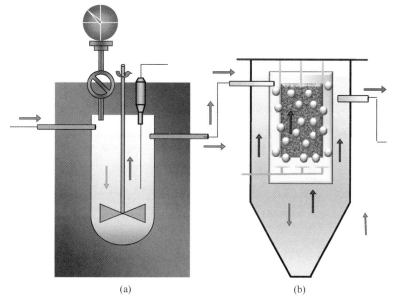

图3-16 湿式氧化—磷酸盐固定化回收耦合技术小试设备流程

（a）湿式氧化；（b）磷酸盐固定化回收

3.4.3 铁碳微电解技术

3.4.3.1 技术简介

采用序批式铁碳微电解的反应器对黄连素含铜废水进行处理，吨水处理的成本约为300~400元，但可回收的铜的价值约600元以上，因而对含铜废水的处理，可以实现一定的盈利。

3.4.3.2 适用范围

铁碳微电解技术的适用范围：含铜制药废水、电镀废水。

3.4.3.3　技术就绪度评价等级

TRL-6（工业规模）。

3.4.3.4　技术指标及参数

A　基本原理

采用 Fe-C 微电解技术处理高浓度含铜黄连素制药废水，该废水 pH 值大约为 1.0～3.0，COD 浓度约 16000mg/L，铜离子浓度在 20000mg/L 左右，废水的生物毒性大[66]。该技术集活性炭吸附、Fe-C 微电解及 Fe 的氧化还原等于一体[67]。废水经 Fe-C 微电解技术预处理后，具有生物毒性的黄连素结构被破坏，通过活性炭的吸附以及絮凝沉淀作用去除大量 COD，提高了废水的可生化性，降低了其对后续生化处理单元的冲击[68]。高浓度的 Cu^{2+} 经铁还原转化为单质铜。残渣中剩余的活性炭与铜，经过压缩过滤、焚烧等处理后以 $CuCl_2$ 形态回收再利用，可实现吨水回收铜 18kg 左右（以单质铜计）。

B　工艺流程

工艺流程为"铁碳微电解—压滤—回收"。具体如下：
（1）首先将高浓度含 Cu^{2+} 废水装入铁碳微电解反应器中。
（2）投加一定量的铁粉与活性炭，搅拌反应约 1h。
（3）采用螺杆泵将固液混合物打入压滤机进行分离，其中废液进入后续处理单元，实现达标排放。
（4）将固体废渣（主要成分为铜与炭）干燥后焚烧，最后经盐酸溶解后以 $CuCl_2$ 形态实现资源回收。

C　主要技术创新点及经济指标

利用粉末状的铁粉与炭粉，通过电机搅拌实现 Fe-C 与废水中 Cu^{2+} 与黄连素的高效混合，进而提高了 Fe 与 C 的利用效率；该技术充分利用活性炭吸附、Fe-C 微电池及 Fe 的氧化还原作用的协同作用，能去除废水中 99.9% 以上的 Cu^{2+}；废水中残渣易沉淀分离，对压滤后的滤渣进行焚烧、提纯、酸化后得到 $CuCl_2$ 成品。同时该 $CuCl_2$ 成品可作为生产黄连素药品过程中催化剂原料，进而实现铜的循环利用，该工艺可实现处理吨水回收铜 18～19kg（以 Cu 计）。对废水中的 Cu^{2+} 处理和回收后，避免了金属铜的无效消耗，既降低了成本，又减少了对环境的污染，取得了良好的经济效益和社会效益。图 3-17 为废水处理及铜回收工艺流程。

D　工程应用及第三方评价

黄连素含铜废水在东北某制药企业的产生量约为 20t/d，反应器的规模为每批次 5t，采用间歇运行的方式。该反应器在高效去除废水中 Cu^{2+} 同时，还可有效地去除废水中的黄连素，提高废水的可生化性。目前该集成技术和设备已应用于东北某制药企业高浓度含铜废水的生产规模试验。试验结果表明，Fe-C 处理 90min 后，对黄连素的去除率达

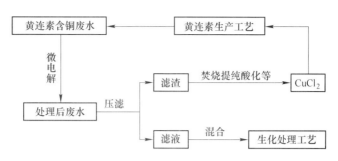

图 3-17 废水处理及铜回收工艺流程

70.0%以上，铜的回收率达 99.9%以上，废水中残余 Cu^{2+} 低于 20mg/L，吨水处理可回收 18~19kg 铜（以 Cu 计），出水满足东药生化处理工艺的要求。应用该技术每天可减少 COD 排放 300kg，减少黄连素排放 20kg，减排铜约 480kg。

该技术反应条件温和、反应速率快、铁碳的利用效率高，能有效削减含铜废水中黄连素及 Cu^{2+} 的含量，同时沉渣易分离，经压滤、焚烧等后续工艺后能实现 Cu 的循环利用。因此，从技术集成的角度，该套集成技术和设备具有明显先进性。图 3-18 为 Fe-C 微电解预处理及 Cu 的回收集成技术小试及中试设备。

(a)   (b)

图 3-18 Fe-C 微电解预处理及 Cu 的回收集成技术小试（a）及中试（b）设备

3.4.4 沉淀结晶—树脂吸附技术

3.4.4.1 技术简介

沉淀结晶—树脂吸附技术采用分质处理技术对黄连素含铜废水等影响生物处理效率的废水进行预处理，通过络合沉淀反应使铜离子形成碱式氯化铜，99%以上的 Cu^{2+} 被去除。出水 Cu^{2+} 浓度远低于现有处理工艺的效果，达到后续处理单元的要求，同时可以碱式氯化铜的形式回收废水中的 Cu^{2+} 等有价物质，具有较高的经济价值[69]。

3.4.4.2　适用范围

沉淀结晶—树脂吸附技术的适用范围：适用于制药废水的资源化回收。

3.4.4.3　技术就绪度评价等级

TRL-6（成功开展工程规模运行）。

3.4.4.4　技术指标及参数

A　基本原理

黄连素含铜废水作为一种高浓度制药生产废水，来源于化学合成法生产黄连素中脱铜反应过程。作为有机反应中的催化剂，铜离子是废水中存在的唯一重金属离子[70]。采用化学沉淀法和树脂吸附法结合处理黄连素含铜废水，不仅能够使废水达标排放，而且可以碱式氯化铜的形式回收废水中的 Cu^{2+} 等有价物质，而碱式氯化铜一般用作农药中间体、医药中间体、木材防腐剂、饲料添加剂，具有较高的经济价值。

B　工艺流程

黄连素含铜废水分质处理技术的工艺流程为"废水调节水质—沉淀结晶—大孔树脂吸附回收—尾水排入生化池"（见图 3-19）。高浓度黄连素含铜废水中的 8000~20000mg/L 硝基芳香烃，首先进入调节池，以均衡水质水量；混合调节池出水由提升泵进入反应池，投加碱，调整 pH 值为 6 左右，反应时间半小时；然后进入箱式压滤机，固体为产品，反应停留时间为 2h，铜离子的去除率为 90% 以上；滤液进入 2 级大孔树脂柱，吸附黄连素和铜离子[70]，出水铜离子能达到 1mg/L 以下，吸附出水进入厂内的综合生物池，通过处理后达标排放。

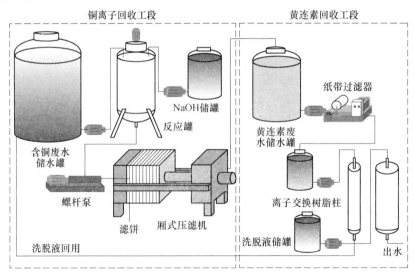

图 3-19　高浓度黄连素含铜废水资源化技术工艺流程

C 主要技术创新点及经济指标

通过沉淀结晶工艺和 2 级大孔树脂吸附技术对制药行业高浓度黄连素含铜废水进行分质处理，在进水 Cu^{2+} 8000~20000mg/L 时，出水可达到 1mg/L 以下，急性毒性去除 90% 以上，使其满足后续生物处理要求。产生的沉淀以碱式氯化铜的形式得以回收，实现经济效益 26.74 万~95.38 万元/年。

D 工程应用及第三方评价

东北某制药企业是以化学合成为主，兼有生物发酵、中西药制剂和微生态制剂的大型综合性制药企业，其黄连素生产车间每月的黄连素含铜废水量为 48t/月。技术示范在黄连素车间的 5t 反应罐中进行，进水铜离子浓度为 15000mg/L，经过半小时的结晶沉淀，出水铜离子浓度小于 40mg/L，产生的碱式氯化铜，每年可实现 26.74 万~95.38 万元的收益（见图 3-20）。

3.4.5 结晶母液中头孢氨苄的绿色回收技术

3.4.5.1 技术简介

头孢氨苄结晶母液中残留 2~15g/L 的头孢氨苄，若直接当成"三废"排放，不仅造成产品的损失，还会增加后续废水处理难度。目前工业上常采用络合法回收头孢氨苄，并以二氯甲烷作解络合剂，二氯甲烷毒性大，极易挥发，会造成溶剂的大量损失，并导致 VOC 污染，同时还存在爆炸等安全隐患的问题[71]。

头孢氨苄酶法制备结晶母液中产品绿色回收技术是针对目前头孢氨苄回收过程存在溶剂消耗量大、VOC 污染严重等问题开发的绿色清洁技术。首先采用高效络合剂对结晶母液中的低浓度头孢氨苄进行富集，再利用绿色解络合剂实现头孢氨苄高效分离回收，解络合剂通过反萃取实现回收和循环利用[72]。

与传统的头孢氨苄回收工艺相比，头孢氨苄绿色回收工艺以低污染绿色解络合剂代替二氯甲烷。解络合剂具有沸点高的特点，从源头避免 VOC 的产生和溶剂损耗。解络合剂通过反萃取的方法，可高效的实现回收，回收的解络合剂解络合效果未下降，具有良好的循环利用性能。

3.4.5.2 适用范围

开发的结晶母液中头孢氨苄的分离回收适用于头孢氨苄酶法制备结晶母液的资源化回收利用。

3.4.5.3 技术就绪度评价等级

TRL-5。

3.4.5.4 技术指标及参数

A 基本原理

通过络合反应形成络合物沉淀结晶，是富集溶液中低浓度头孢氨苄的有效方法。再通

图 3-20　高浓度黄连素含铜废水资源化技术相关工段

（a）结晶沉淀罐；（b）结晶沉淀罐内部搅拌装置；（c）碱罐；（d）结晶沉淀罐温度调控；

（e）开板；（f）压滤出水采样；（g）碱式氯化铜

过解络合反应，实现头孢氨苄与络合剂的分离，从而得到头孢氨苄产品。该技术以酚类物质为络合剂对溶液中的头孢氨苄进行分离回收，并开发了一种高沸点的绿色解络合剂，实现了对头孢氨苄的绿色分离，从工艺源头消除有机溶剂挥发造成的 VOC 污染，大大降低了解络合剂的用量。

B 工艺流程及装备

结晶母液中头孢氨苄的绿色回收技术工艺流程如图 3-21 所示，具体为：

(1) 向头孢氨苄结晶母液中加入酚类络合剂，完全络合后通过离心分离出固相，得到复盐沉淀。

(2) 向复盐沉淀中加入水和胺类物质进行解络合反应，调节 pH 值使之完全溶解，头孢氨苄进入水相，酚类物质被萃取进入胺类物质中，分离水相和有机相。

(3) 通过等电点结晶对得到的水相中的头孢氨苄进行分离，得到头孢氨苄产品。

(4) 向有机相中加入碱化剂，进行反萃取处理，使其中的酚类物质进入水相，两相分离后得到的有机相为胺类解络合剂，进行循环使用。

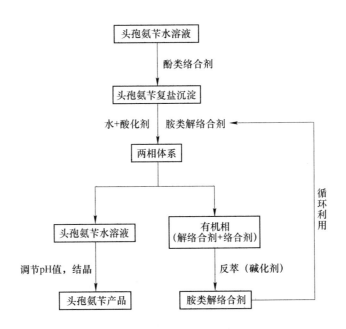

图 3-21　结晶母液头孢氨苄绿色回收技术工艺流程

C 主要技术创新点及经济性指标

头孢氨苄结晶母液中头孢氨苄的绿色回收技术，采用绿色高效的解络合剂代替二氯甲烷，从源头上消除了挥发性有机溶剂带来的 VOC 污染问题，解络合剂具有良好的循环利用性能，显著降低解络合剂的消耗。该技术头对头孢氨苄的络合回收率可达到 97%，绿色解络合剂的解络合率达到 99.6%[72]。与传统的解络合剂二氯甲烷相比，解络合剂用量降低 92%。该项技术大大降低了头孢氨苄回收过程中的污染物排放和运行成本，具有显著的社会效益、环保效益和经济效益。

3.5　物化处理技术

3.5.1　臭氧催化氧化技术

3.5.1.1　技术简介

臭氧催化氧化技术：采用固相催化剂催化臭氧氧化去除制药废水中的残留抗生素等有毒有害有机物。

3.5.1.2　适用范围

臭氧催化氧化技术的适用范围：制药废水深度处理去除有机物和 COD 的情况。

3.5.1.3　技术就绪度评价等级

TRL-7，工程示范。

3.5.1.4　技术指标及参数

A　基本原理

臭氧在固相催化剂作用下产生强氧化性自由基，废水中的残留抗生素等有机物被臭氧及自由基氧化降解而去除[73~75]。

B　工艺流程

工艺流程为"过滤—臭氧催化氧化"。具体如下：
（1）废水首先通过过滤去除悬浮物 SS 和胶体等。
（2）废水进入臭氧催化氧化段，在催化氧化塔（池）内，废水由上面进入，臭氧气体由下面进入，废水与臭氧逆流接触，在固相催化剂表面发生反应，将残留抗生素等有机物完全去除。

C　主要技术创新点及经济指标

采用高效的固相催化剂催化臭氧发生氧化反应，提高了有机物去除率和臭氧利用率。实现排放尾水中残留药物去除率不低于 99%，出水满足《发酵类制药工业水污染物排放标准》（GB 21903—2008）或《化学合成类制药工业水污染物排放标准》（GB 21904—2008）。

D　工程应用及第三方评价

日处理 3000t 发酵制药废水工程，采用臭氧催化氧化技术处理制药废水，A/O 处理工艺出水，针对废水中的残留抗生素、COD 等去除效率高，出水满足《发酵类制药工业水污染物排放标准》（GB 21903—2008）。该技术适用于制药废水深度处理领域，能够满足制药废水直接排放要求，处理成本不高于 2~3 元/m³，具有很好的环保效益，应用前景包括制药废水深度处理或者需要提标改造的情况。

3.5.2 超临界水氧化技术

3.5.2.1 技术简介

超临界水氧化技术在耐高压防腐蚀材料研制、大型超临界水氧化装备的研发及设备稳定化运行和能量利用方面取得了有效突破。

3.5.2.2 适用范围

超临界水氧化技术的适用范围：农药、制药等化工行业高浓度难降解有毒有机废水。

3.5.2.3 技术就绪度评价等级

TRL-6。

3.5.2.4 技术指标及参数

A 基本原理

水在温度 374℃，压力 22MPa 的超临界状态下，气液两相性质非常接近，以至于无法分辨，此时水的密度远高于气体的密度，黏度比液体大为减小，扩散度接近于气体。超临界水氧化（SCWO）是利用兼具气体与液体高扩散性、高溶解力及低表面张力的特性，对有机废弃物进行氧化分解，将其转化成 H_2O 及 CO_2，达到去毒无害的目的。基于该技术的设备可将高浓度难降解废水（COD 为 $2 \times 10^4 \sim 10 \times 10^4$ mg/L）一步降解到 COD<50mg/L[76~78]。

B 工艺流程

基于超临界水氧化技术的整个工艺流程简单实用，基本过程为废水通过高压泵打入换热器，然后进入超临界反应釜，在反应釜内与经空压机进入反应釜的氧气充分混合反应，反应后的出水经换热器到冷却器进行冷却，然后通过减压阀减压之后进行气液分离。

C 主要技术创新点及经济指标

（1）材料梯度组合技术。形成高强度、耐腐蚀、耐高温的设备组合材料。
（2）全系统压力温度亚稳定平衡的连续运行、多阀联排等多种运行保障技术。
（3）超临界氧化设备造价低。投资一套日处理量达 20t/d 的 SCWO 设备初期成本投资约为 210 万元，投资费用较为适中。吨运行成本不大于 200 元，较焚烧具有明显优势。
（4）20t/d 超临界水氧化装备系统总装机容量约 186kW，工作压力为 18~23MPa（设计压力 30MPa），工作温度为 430~600℃（设计温度 650℃）。
（5）自主研发/优化集成，具有多项知识产权。
图 3-22 为超临界水氧化技术工艺流程。

D 工程应用及第三方评价

为了更好地促进江苏省如东沿海经济开发区某化学工业园的全面协调可持续科学发

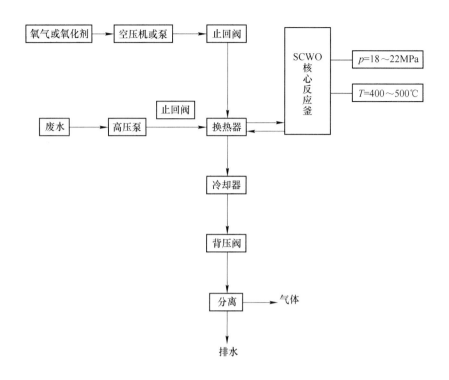

图 3-22 超临界水氧化技术工艺流程

展，确保开发区集中式污水处理厂污水稳定达标排放，依托江苏如某化工园区，筹建了"100t/d 难降解高浓度有机废水亚超临界深度氧化处理示范工程"，示范工程由 5 套 20t/d 的超临界水氧化设备组成。目前园区现有工艺都很难单凭一种工艺将高盐高毒高浓度有机废水处理达到排放标准，必须几种工艺组合，最后还需增加生化处理工艺，达标难度非常大。采用超临界水氧化工艺可以直接处理达标，处理效率高，且污泥产生量小，具有较好的经济性。成果应用后预计可提升园区进驻企业的可持续发展，提高后续污水处理厂的达标稳定性，有效地解决周边水系的水污染问题，持续改善园区河道甚至是相关海域的水环境。

3.6 生物处理技术

3.6.1 水解酸化—接触氧化技术

3.6.1.1 技术简介

采用水解酸化—接触氧化技术处理低浓度磷霉素钠制药废水和生活污水混合得到的综合废水。

3.6.1.2 适用范围

水解酸化-接触氧化的适用范围：难降解制药废水处理。

3.6.1.3 技术就绪度评价等级

TRL-7。

3.6.1.4 技术指标及参数

A 基本原理

采用水解酸化—接触氧化技术处理低浓度磷霉素钠制药废水和生活污水混合得到的综合废水，该废水 COD 为 2000mg/L，BOD_5 为 1000~1500mg/L，pH 值为 6.0~9.0；废水的生物毒性大[79]。根据厌氧微生物及好氧微生物对有机污染物的氧化代谢机理，利用将厌氧微生物控制在水解酸化的环境条件下，把难生物降解高分子复杂有机底物转化为易生物降解的低分子简单有机物，降低磷霉素钠生物毒性，改善和提高磷霉素钠废水可生化性的功能。活性污泥中含有降解磷霉素钠的微生物，生活污水同磷霉素钠废水的混合后，可以为磷霉素钠的降解细菌提供维持生命的能量和基质。反应器中的磷霉素钠的降解细菌数量随着反应器的运行逐步增加，磷霉素钠的降解能力不断增强，从而达到降解磷霉素钠废水的目的[80,81]。

B 工艺流程

水解酸化—接触氧化工艺流程为"水质、水量调节—水解酸化—接触氧化—二沉池泥水分离—排水"（见图 3-23）。具体如下：

（1）进水到达调节池进行水质、水量调节，与生活污水混合提高废水的可生化性。

（2）废水进入反应器后，在兼性厌氧条件下将难降解物质转化为易生物降解物质。

（3）从水解酸化池的出水进入接触氧化反应器，经微生物好氧处理后的废水排入二沉池。

（4）泥水混合物在二沉池沉淀分离，上清液作为出水排放，出水达到行业排放三级标准。

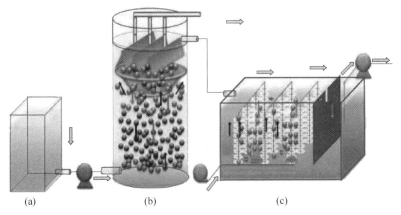

图 3-23 水解酸化—接触氧化流程

(a) 进水调节池；(b) UASB；(c) 接触氧化池

C　主要技术创新点及经济指标

张士制剂厂区的污水成分主要为生活污水、低浓度的磷霉素钠废水，水解酸化-接触氧化耦合技术为制药废水处理规范推荐的处理技术，但直接应用于磷霉素钠废水的处理很难达到设计的出水标准。因此，在关键技术的研发中通过难降解制药废水和生活污水的共代谢技术来提高水解酸化—好氧生化工艺的处理效率。通过调试寻找最佳制药废水和生活污水配比，最后通过实验确定进水磷霉素钠浓度小于 20mg/L，水解酸化段的 HRT 定于 72h，好氧反应段 HRT 定于 24h。

水解酸化能将难生物降解高分子复杂有机底物转化为易生物降解的低分子简单有机物，降低磷霉素钠废水的生物毒性，提高废水可生化性。同生活污水混合，可以为磷霉素钠的降解细菌提供维持生命的能量和基质，达到磷霉素钠废水与生活污水共代谢的目的。从技术集成角度上讲，该套集成技术具有一定先进性。

水解酸化—接触氧化生物共代谢技术已应用于张士制药综合污水处理示范工程，其处理低浓度磷霉素钠废水的综合成本约为 1.0~1.5 元/t。

D　工程应用及第三方评价

该技术的小试实验在沈阳试验基地完成，中试试验在东北某制药企业中试基地取得良好效果。试验结果表明：该反应器在高效去除废水中 COD 的同时，还可有效地提高废水的可生化性。当进水 COD 平均值在 2000mg/L 时，反应器接种污泥运行 30d，出水 COD 在 100~300mg/L 之间，去除率在 80.0% 以上，达到了多数化学合成类制药企业执行的《污水综合排放标准》（GB 8978—1996）中的三级标准。该结果也表明水解酸化—接触氧化工艺中的微生物对磷霉素钠的耐受程度可以达到 20mg/L。该集成技术已应用于东北某制药企业张士制剂厂区污水处理工程。试验结果表明，有机磷的去除率达 70% 以上。这个技术的实施运行后，每天可实现 COD 减排 1.2t。

磷霉素钠废水由于其生物毒性，目前没有有效的处理方法。该技术为强化生物集成处理技术，对低浓度磷霉素钠废水具有较好的处理效果，出水达到行业排放标准。该技术也可应用于其他难降解废水的处理。

3.6.2　ABR-CASS 生物强化处理技术

3.6.2.1　技术简介

ABR-CASS 生物强化处理技术针对高浓度含难生物降解制药废水（磷霉素、金刚烷胺、左卡、脑复康），采用二级 ABR-CASS 工艺处理。利用易降解物质产生的酶加快难降解物质的分解，并为处理难降解物质微生物提供充足的能量。ABR 可强化难降解物质的水解，将大分子的难降解物质分解为小分子物质。CASS 反应器设计了针对毒害物的反应区，进一步强化脱毒效果[82]。

3.6.2.2　适用范围

ABR-CASS 生物强化处理技术的适用范围：适用于难降解制药综合废水的处理。

3.6.2.3 技术就绪度评价等级

TRL-7。

3.6.2.4 技术指标及参数

A 基本原理

合成制药行业废水组成复杂，高浓度废水中含有的抗生素及溶剂等有毒有害物质，会导致废水难以处理。针对高浓度含难生物降解制药废水（磷霉素、金刚烷胺、左卡、脑复康），按照特定的比例（1:1~1:5）与含有生活污水的低浓度废水混合后，采用二级 ABR-CASS 工艺处理。利用易降解物质产生的酶加快难降解物质的分解，并为处理难降解物质的微生物提供充足的能量。ABR 可强化难降解物质的水解，将大分子的难降解物质分解为小分子物质。CASS 反应器设计了针对毒害物的反应区，进一步强化脱毒效果[83]。

B 工艺流程

制药综合废水处理工程采用两级四段工艺（见图 3-24），实施串联加并联污水生物水处理的独特技术路线。厂区的低浓度废水与生活污水（118t/a）排入下水道混合后进入综合污水处理厂，高浓度废水经污水运输专线进入综合污水处理厂。首先，高浓度废水进入高浓度污水调节池，在此与低浓度废水按照 1:1 到 1:5 的比例混合，再进入一级 ABR 反应池，经深度水解处理后进入一级 CASS 好氧强化生物池，该 CASS 池的 DO 浓度保持在 6mg/L 以上；之后，经过两段生物处理的高浓度废水与低浓度废水混合，再依次进入二级 ABR 反应池（HRT 控制在 20~30h）和二级 CASS 好氧强化生物池（DO 浓度保持在 6mg/L 以上，HRT 控制在 15~20h），处理后废水经分离后达标排放。

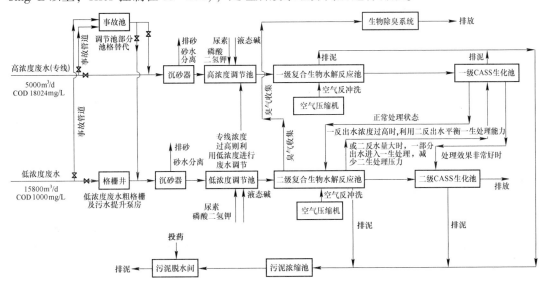

图 3-24 制药综合废水分质处理复配功能菌强化 ABR-CASS 生物处理工艺流程

C　主要技术创新点及经济指标

针对高浓度含难降解制药废水（磷霉素、金刚烷胺、左卡、脑复康），按照特定的比例（1∶1~1∶5）与含有生物污水的低浓度废水混合后，采用二级 ABR-CASS 工艺处理。利用易降解物质产生的酶加快难降解物质的分解，并为处理难降解物质接种的高效微生物提供充足的能量。处理后废水达到行业排放标准，苯酚、对甲苯酚和邻苯二甲酸酯等毒害物的去除率达到 90% 以上，每千克 COD 的处理费用为 5.3~5.7 元。

D　工程应用及第三方评价

东北某制药企业是以化学合成为主，兼有生物发酵、中西药制剂和微生态制剂的大型综合性制药企业，示范工程"制药行业废水有毒有害物控制示范工程"位于沈阳市细河开发区，设计规模为 2 万吨/a。

示范工程于 2012 年 10 月开工建设，2014 年年底完工，示范工程建设主体单位（用户）为东北某制药企业。在原料药生产过程中产生的废水中含有难生物降解物质和抑制微生物生长的物质，但废水中可生物降解的有机物成分仍较多，因此，根据水质污染程度的不同实施分类处理，将生产排放的有机污水分解为低浓度污水和高浓度废水。为保证生产废水水质稳定达到综合污水处理厂水质要求，各产品实施预处理，并设有一个或多个废水收集池或提升池。废水收集后经地下污水管网或地上污水管廊进入污水处理装置进行处理。

金刚烷胺、磷霉素、脑复康 3 个产生的高浓度难生化废水分别设置了废水专线，废水经收集后通过管廊进入高浓度调节池。其他项目废水均经污水管网进入低浓度调节池。该示范工程满负荷运行后年削减 COD 5500t，有毒有害污染物削减率达到 90% 以上，对改善浑河沈阳段控制单元水质具有重要意义。

3.6.3　高硫废水厌氧发酵及硫回收技术

3.6.3.1　技术简介

高硫废水先经过厌氧硫酸盐还原反应器被还原成硫化物，随后进入吹脱塔中转化为 H_2S，与厌氧硫酸盐还原反应器产生的 H_2S 一并进入碱吸收塔，通过生物脱硫技术将其氧化为单质硫。生物脱硫技术是一种在常温常压下利用硫氧化菌将硫化物氧化为单质硫或硫酸盐的方法[84,85]。与传统物理、化学方法相比，生物脱硫技术具有能耗低、条件温和、无二次污染、操作费用低、设备简单等优点。

3.6.3.2　适应范围

高硫废水厌氧发酵及硫回收技术的适用范围：适用于天然气、沼气等含硫化氢气体及含硫化物废水处理。

3.6.3.3　技术就绪度评价等级

TRL-8。

3.6.3.4 技术指标及参数

A 技术原理

在硫酸盐还原—生物硫氧化脱硫阶段，通过 pH 值、温度、基质浓度等条件控制，硫酸盐还原菌的硫酸盐还原代谢处于优势，将 SO_4^{2-} 还原为 S^{2-}；溶液中大部分的 S^{2-} 通过吹脱以 H_2S 气体的形式分离，同时在产甲烷菌与产酸菌作用下，废水中的有机物被转化为乙酸、H_2 及 CO_2；厌氧反应器产生的含 H_2S 沼气和 H_2S 吹脱气经过碱液吸收后形成含 S^{2-} 溶液；含 S^{2-} 溶液通过嗜盐嗜碱硫氧化菌被氧化为单质硫颗粒并通过沉降分离回收[86,87]。

B 工艺流程

a 工艺流程

高硫废水厌氧发酵及硫回收技术工艺流程如图 3-25 所示。

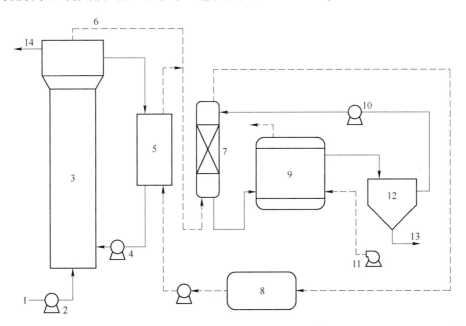

图 3-25 高硫废水厌氧发酵及硫回收技术工艺

1—硫酸盐废水；2—进料泵；3—厌氧硫酸盐还原反应器；4—内循环泵；5—吹脱塔；
6—含硫沼气；7—碱吸收塔；8—循环气柜；9—好氧生物滤池；10—碱液循环泵；
11—空气泵；12—硫泥沉淀池；13—回收单质硫；14—出水

b 工艺描述

高硫酸盐废水 1 经进料泵 2 进入厌氧硫酸盐还原反应器 3，反应器内发生硫酸盐还原反应，SO_4^{2-} 被还原为 S^{2-}。水相中的 S^{2-} 在内循环泵 4 作用下进入吹脱塔 5 转变为 H_2S 气体进入气相，与厌氧硫酸盐还原反应器 3 产生的含 H_2S 沼气 6 一起进入碱吸收塔 7 进行碱液吸收。作为酸性气体，二氧化碳在碱吸收塔 7 中也会被部分吸收。净化后的气体进入循环气柜 8 循环利用。富含 S^{2-} 的碱吸收液进入好氧生物滤池 9 完成硫氧化脱除和单质硫富集。生物硫氧化反应所需氧气由空气泵 11 鼓入。好氧生物滤池 9 的出水进入硫泥沉淀池

12，水中富集的单质硫 13 在重力作用下沉降在池底作为硫泥外排。再生的碱液通过碱液循环泵 10 被打回碱吸收塔 7 循环利用。

C　主要技术创新点及经济指标

在普通生物脱硫工艺基础上，通过自行筛选、定向改造脱硫菌，形成了以极端微生物为基础的 Sul-20T 沼气生物脱硫工艺，这是第二代生物脱硫技术，采用的是嗜碱性的极端微生物，处理 pH 值进一步提高到 9.3~10.5。该技术具有工艺流程简单、能耗低、净化水平高、应用范围广等优势。与普通中性-弱碱性生物脱硫系统相比，该工艺在高 pH 值条件下运行，具有很好的脱硫能力，大幅提高了生物脱硫系统的容积负荷，有效降低了处理成本。该新技术与目前沼气脱硫市场上所用各项技术对比见表 3-4。

表 3-4　沼气脱硫市场上所用各项技术对比

技术名称	Fe_2O_3 干法脱硫	络合铁法	生物脱硫法	
			现有技术	本团队技术
脱硫原理	水合 Fe_2O_3 催化脱硫	碱吸收+铁氧化	碱吸收+生物氧化	
脱硫剂	Fe_2O_3	Fe^{3+}	普通硫氧化菌	嗜盐嗜碱硫氧化菌
有毒试剂	—	+++	—	—
定期补充	定期更新	Fe^{3+}、有毒试剂	碱液+菌剂	少量碱液+少量菌剂
设备堵塞	+++	+++	—	—
劳动强度	小	大	小	小
二次污染	+++	+++	—	—
设备腐蚀	+++	+++	—	—
硫黄纯度	<50%	<50%	<90%	>98%

由于嗜盐嗜碱生物脱硫在技术上先进，使得本工艺投资及运行成本也有明显的优势，从表 3-5 中可以看出，新技术显示了明显的优势。对于一个沼气量（标态）10000m³/d，硫化氢含量（标态）20g/m³ 系统，投资加上 5 年操作费用要比现有技术要低约 25%。

表 3-5　嗜盐嗜碱生物脱硫技术与现有技术比较

名　　称	现有技术	嗜盐嗜碱生物脱硫技术
运行 pH 值	7.5~8.5	9.3~10.5
处理负荷/kgS·d·m⁻³	<3	~7
投资费用/万元	>250	<180
运行费用，万元/年	~20	~10
投资加上 5 年操作费用/万元	>350	<240

注：以沼气含量 10000m³/d，硫化氢含量（标态）15g/m³ 进行比较。

D　工程应用及第三方评价

沼气生物脱硫及单质硫回收技术已经应用在华北某制药企业环保中心项目中（见图 3-26），沼气处理能力为 6000m³/d，沼气源含硫化氢浓度低于 20000mg/m³，其中甲烷含量高于 55%，CO_2 含量低于 40%，处理后沼气中硫化氢浓度低于 $15mg/m^3$。

图 3-26　现场图

3.7　物化-生化处理技术

3.7.1　难降解制药园区尾水与生活污水综合处理关键技术

3.7.1.1　技术简介

对制药园区尾水首先采用水解酸化+臭氧氧化预处理，然后与生活污水混合后进行生物共处理。

3.7.1.2　适用范围

该技术适用于制药园区尾水处理。

3.7.1.3　技术就绪度评价等级

TRL-7。

3.7.1.4　技术指标及参数

A　基本原理

该技术采用"水解酸化+臭氧氧化强化预处理—生物共处理"工艺，可以实现氮磷污染物以及制药园区尾水中难降解有机物的有效去除。首先在水解酸化阶段厌氧条件下，制药园区尾水中的长链及杂环难降解有机物在微生物的作用下实现"断链"或"开环"，转化为小分子有机物；其后在臭氧氧化池中，利用生成的 OH^- 具有强氧化性和非选择性的特点，进一步将大分子、难降解有机物转化为可降解有机物，从而提高尾水的可生化性；预处理后的尾水与生活污水按特定体积比进行混合后进入改良 A_2/O 反应器进行生物共处理，生活污水中的易降解有机物充当一级基质，微生物在分解一级基质时所产生关键酶，可以同时对难降解的有机污染物（二级基质）产生作用，使其进行分解，从而实现脱氮除磷，有效去除制药尾水中的有机污染物[88,89]。

B　工艺流程

工艺流程为"水解酸化—臭氧氧化—混合—生物共处理"。具体如下：

（1）制药园区尾水首先进入水解酸化池，在水里停留 6~10h 条件下，利用微生物将制药尾水中长链高分子化合物转化为有机小分子化合物，同时将部分杂环类有机物破环降解成已降解的有机分子。

（2）水解酸化池出水进入臭氧氧化池，在臭氧投加量 20~30mg/L、氧化时间 30min 的条件下，进一步将尾水中的大分子、难降解有机物部分转化为小分子、易降解有机物，提高尾水的可生化性。

（3）臭氧氧化池出水进入混合池，按照尾水体积占 30%，生活污水占 70% 的比例进行混合。

（4）混合后污水进入改良 A_2/O 反应器进行生物共处理，进水量的 10%~20% 进入预缺氧池，80%~90% 进入厌氧池，在总水力停留时间为 18~22h，好氧池溶解氧为 2~4mg/L，硝化液回流比为 150%~300%，污泥回流比为 50%~150% 的条件下，利用生活污水中可降解有机物充当一级基质，对尾水中的难降解有机物进行有效去除，同时进行脱氮除磷。

C　主要技术创新点及经济指标

针对制药尾水含有难降解有机物，单一处理工艺难以达标的问题，首先利用臭氧氧化+水解酸化对制药园区尾水进行强化预处理，提高其可生化性，保障后续生化处理的稳定性，再按特定比例将尾水与生活污水混合，进行生物共处理，实现有机物和氮磷污染物的有效去除。工程运行的综合处理成本约 1.0~1.3 元/t，单位水量电耗 0.4~0.5kW·h。

D　工程应用及第三方评价

示范工程"西部污水处理厂扩建工程"位于沈阳市张士开发区，处理规模为 25×10^4 t/d，其中包括 7×10^4 t/d 的东药园区难降解尾水。示范工程于 2013 年 10 月开工建设，2014 年底完工，示范工程建设主体单位（用户）为国电某环保产业集团有限公司。

示范工程首先对东药尾水进行水解酸化与臭氧氧化的强化预处理，生活污水进行曝气沉砂和水解酸化预处理；两种出水混合后，通过改良 A_2O 工艺对污水进行脱氮除磷以及有机物的去除；最后，通过高效沉淀池和纤维滤池进行深度处理，紫外消毒后，出水达到一级 A 排放标准。

目前该示范工程处于调试阶段，正常满负荷运行后预计年消减 COD 13000t、氨氮 1530t、总氮 765t、总磷 130t，对改善浑河沈阳段控制单元水质具有重要意义。

3.7.2　中药材加工废水"强化物化预处理+双循环厌氧-好氧"达标处理工艺技术

3.7.2.1　技术简介

中药材加工废水一直是废水处理行业的难点，基于污染物和毒性联合减排的高效低耗物化/生物控制技术研究的基础上，建立了成套的高效低耗短流程技术方案。利用经济高效的无机和有机复配絮凝剂对中药材加工废水中悬浮物及色度进行强化去除，同时去除一部分有机物及毒性物质；其次，利用高效的复合双循环厌氧反应器去除大部分有机物及毒性物质；最后，利用高效水解—好氧组合工艺进一步去除剩余的有机物及毒性物质。

3.7.2.2 适用范围

中药材加工废水"强化物化预处理+双循环厌氧-好氧"达标处理工艺技术适用于中药材加工废水的处理。

3.7.2.3 技术就绪度评价等级

TRL-6（通过中试验证）。

3.7.2.4 技术指标及参数

A 基本原理

中药材加工企业分布广、数量多，加工品种与工艺各异，废水排放量大且污染因子多、浓度高、波动大、难生化降解，其达标处理技术一直是废水处理行业的难点[90]。经长期研究开发了工程化的中药材加工废水处理工艺，开展了基于污染物和毒性联合减排的高效低耗物化/生物控制技术研究，建立了成套的高效低耗短流程技术方案。首先，利用经济高效的无机和有机复配絮凝剂对中药材加工废水中悬浮物及色度进行强化去除，同时去除一部分有机物及毒性物质[91]；其次，利用高效的复合双循环厌氧反应器去除大部分有机物及毒性物质；最后，利用高效水解-好氧组合工艺进一步去除剩余的有机物及毒性物质[92]。各处理单元发挥其各自的处理优势，使得中药材加工废水经过"强化物化预处理+双循环厌氧-好氧"工艺处理可稳定满足《中药类制药工业水污染物排放标准》（GB 21906—2008）中表3规定的水污染物特别排放限值要求。

B 工艺流程

图3-27为中药材加工废水"强化物化预处理+双循环厌氧-好氧"达标处理工艺流程。由于药材加工废水中醇沉车间废水悬浮物和有机污染物浓度较高，因此高浓度有机废水首先经过混凝沉淀池去除悬浮物和非溶解性有机物，随后进入双循环厌氧反应器进行厌氧处理，最后其他车间废水与厌氧出水混合，依次经过水解池、生物接触氧化池、二沉池及滤罐处理后，达标排放。

C 技术创新点及主要技术经济指标

该工艺通过集成传统的物化+生化处理单元，在厌氧处理技术和设备上取得了技术突破。厌氧停留时间 HRT 为9h，回流比 R 为2，常温，COD 去除率为93.4%，去除负荷（COD）为11.63kg/(m^3·d)，产气率为0.157m^3/kg(CH_4/COD)。根据反应器设计理论，采用独特的结构设计，改善气液固传质动力学条件，解决了传统厌氧处理反应器处理中药材加工废水效能差、抗冲击负荷能力弱、运行成本高的问题。

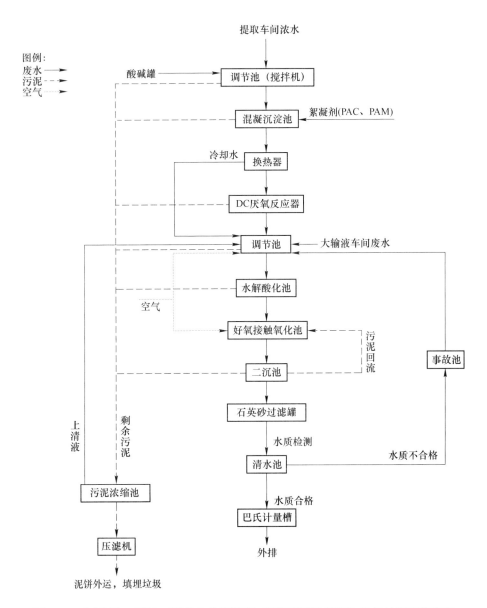

图 3-27 中药材加工废水 "强化物化预处理+双循环厌氧-好氧" 达标处理工艺流程

本技术相关成果申请了国家发明专利 2 项, 其中 1 项已授权。

D　工程应用及第三方评价

在湖北某药业有限公司, 设计与建设了采用 "强化物化预处理+双循环厌氧-好氧处理技术" 的中药材加工废水处理装置, 处理规模为 2.0m³/d。稳定运行 3 年, 第三方监测结果表明, 出水水质稳定, 满足《中药类制药工业水污染物排放标准》(GB 21906—2008) 表 3 中水污染物特别排放限值要求。与现有中药废水污染治理技术相比, 降低 COD 排放总量 46.5%, 出水急性毒性 (HgCl₂毒性当量) 稳定达标, 处理成本 2.53 元/t, 低于同行业平均成本的 27.7%。

3.7.3 高级氧化—UASB—MBR 组合技术

3.7.3.1 技术简介

高级氧化—UASB—MBR 组合技术采用高级氧化（脉冲电絮凝/臭氧/Fenton）—UASB—MBR 物化生化集成技术处理高浓度难降解制药废水。该技术用于黄连素成品母液废水的处理已取得较好的处理效果，可实现废水中黄连素完全去除，并可实现制药行业废水达标排放[93,94]。

3.7.3.2 适用范围

高级氧化—UASB—MBR 组合技术适用于高浓度难降解制药废水。

3.7.3.3 技术就绪度评价等级

TRL-6。

3.7.3.4 技术指标及参数

A 基本原理

采用高级氧化（脉冲电絮凝/臭氧/Fenton）—UASB—MBR 物化生化集成技术处理高浓度难降解制药废水[94]。制药废水经脉冲电絮凝物化预处理单元或臭氧氧化预处理提高可生化性后依次进入 UASB、MBR 生化单元进行水解酸化和好氧生物作用，最后经膜过滤处理后出水。脉冲电絮凝或臭氧氧化物化预处理单元可氧化破坏有机物结构，降低废水的生物毒性，提高废水可生化性，并去除大量 COD，降低了后期处理中的生物负荷[95,96]。UASB 和 MBR 生化单元利用厌氧颗粒污泥和微滤膜截留、富集、固定高效降解微生物，降解残留毒物和高浓度有机物，同时可实现废水中 N 的同步硝化反硝化脱除[97]。该技术用于黄连素成品母液废水的处理已取得较好的处理效果，可实现废水中黄连素完全去除，并可实现制药行业废水达标排放。该技术具有节能高效清洁等优点，有较好的应用前景。

B 工艺流程

工艺流程为"水质水量调节—高级氧化（Fenton/臭氧氧化/电絮凝）—UASB—MBR—排水"。具体如下：

（1）进水到达调节池进行水质、水量调节。

（2）经过高级氧化处理降解废水中的大分子物质，提高废水的可生化性。

（3）从高级氧化池出来的排水到达中间池去除多余的羟基自由基，再进入 UASB 反应器。

（4）废水进入反应器后，在厌氧条件下进一步将难降解物质转化为易生物降解物质。

（5）从 UASB 排放的废水进入 MBR 反应器，经微生物处理后的废水通过膜组件直接达到 2008 年化学制药废水的排放标准。

图 3-28 为高级氧化—UASB—MBR 组合技术工艺流程。

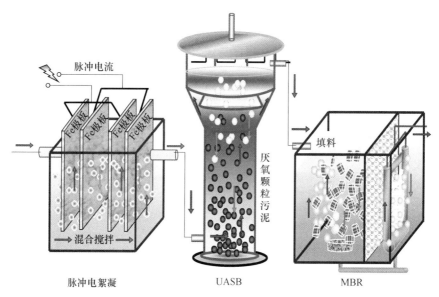

图 3-28　高级氧化—UASB—MBR 组合技术工艺流程

C　主要技术创新点及经济指标

该技术采用脉冲的方式对废水进行电絮凝预处理，能有效地解决电极钝化的问题；相比传统的絮凝方法，脉冲电絮凝过程中生成的絮体粗大而稳定，对有机污染物具有更好的处理效果并改善废水的可生化性；采用 UV 与 O_3 组合，有利于提高 O_3 的氧化效率；通过 UASB 中厌氧颗粒污泥，固定化富集优势降解微生物，在强生物毒性的黄连素和连续流 MBR 的水力条件双重选择作用下，活性污泥絮体形成好氧颗粒污泥，通过厌氧好氧双颗粒污泥系统强化黄连素废水中有毒有机污染物的去除，并有效控制了膜污染。

该技术集物化预处理及强化生化处理于一体，对黄连素废水具有较好的处理效果，出水达到行业排放标准。该技术可应用于其他高浓度难降解废水的处理。同时该集成技术体系设备紧凑，占地面积小，具有一定的优势。从技术集成角度来讲，该套集成设备具有明显技术先进性。

该技术处理黄连素废水综合处理成本为 3.0~5.0 元/t。

D　工程应用及第三方评价

东北某制药企业是目前国内乃至世界上最大的化学合成类黄连素生产企业，年产黄连素 400t 左右，占全国黄连素产量的 60.0% 以上，黄连素废水年产生量 10950t。该技术的小试与中试实验均在东北某制药企业试验基地完成，取得了良好处理效果。高级氧化—UASB—MBR 组合工艺对黄连素废水的去除率为 94.8%，出水平均 COD 为 80mg/L，该集成技术工艺可实现出水达到制药废水行业标准。

黄连素废水在东北某制药企业的产生量约为 30t/d，本技术在东北某制药企业实施后，可实现年削减 COD 833.3t，特征污染物黄连素年削减量 31t，因而具有很好的适用性和应用前景。

图 3-29 为高级氧化—UASB—MBR 物化生化集成技术小试设备及中试设备。

图 3-29　高级氧化—UASB—MBR 物化生化集成技术小试设备及中试设备

3.7.4　催化臭氧氧化—A/O 膜生物法集成技术

3.7.4.1　技术简介

催化臭氧氧化—A/O 膜生物法集成技术采用催化臭氧氧化预处理技术，可改善石油化纤废水的可生化性，采用缺氧-好氧（A/O）膜生物法技术高效除碳脱氮。

3.7.4.2　适用范围

催化臭氧氧化—A/O 膜生物法集成技术的适用范围：石化、冶金、制药、印染、造纸等重污染行业废水的达标排放。

3.7.4.3　技术就绪度评价等级

TRL-7。

3.7.4.4 技术指标及参数

A 基本原理

该集成工艺由催化臭氧氧化预处理技术和 A/O 膜生物技术两个关键技术组成。利用臭氧在催化剂作用下产生的具有强氧化性的活性氧物种如·OH、·O_2 氧化分解有机污染物及氨氮，由于·OH 的氧化能力极强，且氧化反应无选择性，所以可快速氧化分解绝大多数有机化合物，包括一些高稳定性、难降解的有机物，进一步提高了催化臭氧氧化后出水的可生化性，改善后续生化处理单元的进水条件[98,99]；经过催化臭氧氧化处理后的污水，采用缺氧—好氧（A/O）—膜生物法技术实现 COD、氨氮和总氮的高效去除，达到脱氮除碳的目的[100,101]。

B 工艺流程

工艺流程如图 3-30 所示。主要设备有催化臭氧氧化塔、A/O 各处理单元反应器本体、污泥回流泵、混合液回流泵、鼓风曝气装置、膜相关配件。采用串联设计，污水进入反应池后呈推流态直至出水。工业废水首先进入催化臭氧氧化预处理单元，出水依次进入A/O膜生物处理单元的水解酸化池、接触氧化池、平流式中沉池、厌氧池、缺氧池、好氧池和 MBR 膜池，出水。

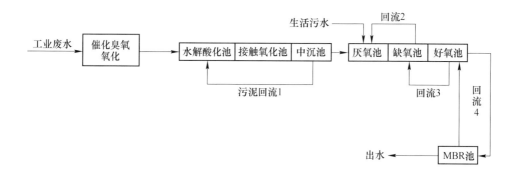

图 3-30   催化臭氧氧化—A/O 膜生物集成工艺流程

C 主要技术创新点及经济指标

"催化臭氧氧化—A/O 膜生物法"集成技术降低了石油化纤总排废水中难降解有机物的含量；强化了 A/O 膜生物法的生物脱碳除氮，较现行的臭氧氧化—BAF 生物膜法工艺除污染能力提高了 1.1~1.4 倍，臭氧最大投加量仅为 4.0mg/L，催化臭氧氧化的臭氧利用效率达 4.0%~89.0%，均较单纯臭氧化提高了 5.0%~10.0%，并有效地发挥了体系多种氧化降解机理的协同作用，同时高效去除了多种难降解有机物，为石油化纤总排废水的处理开辟了一条新途径。"催化臭氧氧化—A/O 膜生物法"集成技术的关键装备与成套技术实现了石油化纤总排废水处理的工程化应用，为我国石油化纤废水的达标排放和实现循环利用提供了技术支撑，也为石化、化工、冶金、制药、印染、造纸等重污染行业废水的治理建立了集成技术体系和工程示范，具有良好的实用推广性以及显著的经济效益和社会效益。

D 工程应用及第三方评价

该技术在辽阳市宏伟区污水处理厂进行了现场中试，其中 A/O 生物膜预处理-A/O-膜生物深度处理完成了工程技术示范。在其 15000m³/d 污水处理系统升级改造中增设 A/O 生物膜工业废水预处理工艺，混合废水采用 A/O 膜生物进行深度处理，水质监测报告证实出水水质达到《城镇污水处理厂污染物排放标准》（GB 18918—2002）的一级排放标准 A 标准。此外，催化臭氧氧化技术也在流域外多项工程中进行了技术应用，如烟台巨力精细化工废水处理、河北华荣制药废水处理等工程项目。该技术简单易行，效果显著，具有良好的推广应用前景。

3.7.5 基于受纳水体水质目标管理的制药废水全过程控制技术

3.7.5.1 技术简介

催化臭氧氧化—A/O 膜生物法集成技术以 7-ADCA 直通工艺、一步酶法生产 7-ACA 法的生产工艺耦合完整的抗生素废水末端治理集成技术实现制药废水污染全过程控制。

3.7.5.2 适用范围

催化臭氧氧化—A/O 膜生物法集成技术的适用范围：抗生素中典型产品 7-ADCA 清洁生产过程和 7-ACA 废水全过程控制。

3.7.5.3 技术就绪度评价等级

TRL-7。

3.7.5.4 技术指标及参数

A 基本原理

（1）清洁生产，通过 7-ADCA 液碱替代氨水结晶技术、7-ADCA 直通工艺、一步酶法生产 7-ACA 法、Ultra-Flo 膜系统等技术研究，形成"原辅材料和能源+生产工艺技术改造+设备研究+生产过程管理与控制研究"的清洁生产集成技术路线。

（2）末端治理，以已有研发成果及专利技术等为基础，形成完整的抗生素废水末端治理集成技术工艺路线：预处理+厌氧生化处理+二级好氧处理+深度处理。

B 工艺流程

清洁生产技术工艺流程如图 3-31 所示，通过 7-ADCA 液碱替代氨水结晶技术、7-ADCA直通工艺、一步酶法生产 7-ACA 法、Ultra-Flo 膜系统等技术研究，形成"原辅材料和能源+生产工艺技术改造+设备研究+生产过程管理与控制研究"的清洁生产集成技术路线。

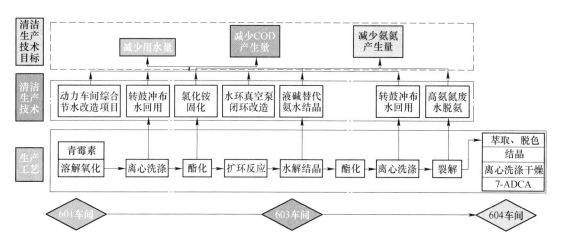

图 3-31 清洁生产技术工艺流程

C 技术创新点及主要技术经济指标

（1）针对 7-ACA 生产，通过改进的单酶裂解工艺替代传统的化学裂解工艺研究，减少有毒有害物质的产生，研发包括 Ultra-Flo 膜系统、加压转鼓过滤机分离技术及设备、新型发酵设备及发酵模式、干燥设备由双锥干燥升级为闭路沸腾床等技术，降低能耗和废物的产生。根据自主研发的上流式混合型厌氧生物膜反应器和环流式好氧生物池等治理技术，结合当前成熟的废水单元治理技术，依据废水水质特征及排放标准等要求，集成了"混凝沉淀+上流式混合型厌氧生物膜反应器+环流式好氧生物池+高级氧化混凝沉淀"技术路线，并进行了工程示范。

（2）针对 7-ADCA 生产，采用转鼓冲布水的回用技术、水环真空泵闭环改造和动力车间的综合减排，实现水资源和能源回收利用；用液碱代替氨水进行 7-ADCA 的结晶，从原料的替代上减少有毒有害物质的产生；改进技术工艺，采用 7-ADCA 直通工艺、氯化铵固化、高氨氮废水脱氨技术等，实现了"7-ADCA 抗生素清洁生产技术工程示范"。

（3）在抗生素制药废水污染控制方面，通过清洁生产和末端治理技术集成，形成"原辅材料和能源+生产工艺技术改造+设备研究+废水末端治理技术+生产过程管理与控制技术"全过程控制集成技术路线。

图 3-32 为 FACA 产品制药废水全过程控制图。

D 工程应用及第三方评价

经济、社会和环境效益：通过 7-ACA 产品制药废水全过程控制技术工程示范，实现原料使用量减少 9744.5t/a（包含氧化酶原料消耗减少 78t/a，氨水消耗减少 237t/a，双氧水消耗减少 80t/a，液氧减少 280t/a，用碱减少 7047t/a，用酸减少 1478t/a，丙酮消耗减少 544.5t/a）；COD 减排 6194.1t/a，氨氮减排 596.41t/a，废水排放量减排 118.2 万吨/a。工程示范的清洁生产技术"包括 Ultra-Flo 膜系统、加压转鼓过滤机分离技术、新型发酵模式及干燥设备的升级改造等"，并集成末端治理技术"混凝预处理+厌氧（上流式混合型厌氧生物膜反应器）+好氧（环流式好氧生物池）+氧化深度处理"，在处理制药、化

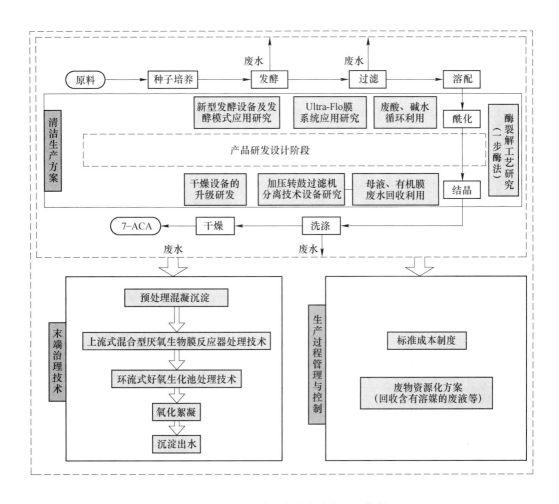

图 3-32 7-ACA 产品制药废水全过程控制

工、发酵等行业高浓度废水方面具有广阔应用前景。

3.7.6 抗结垢精馏塔内件

3.7.6.1 技术简介

工业 NH_4^+—N 废水含有较多的固体颗粒物、钙、镁等物质，在汽提精馏过程中容易结垢，导致塔通量减小、塔效率降低。通过开发高性能专用塔内件结构——槽氏液体分布器结构和用于精馏塔内件阻垢的改性碳纳米涂层和复合金属涂层，提高了塔内件表面的疏水性、降低表面粗糙度，减少了设备由于结垢造成频繁清理和维护的问题，将清塔周期由 15d 延长到 180d。

3.7.6.2 适用范围

抗结垢精馏塔内件适用于制药等行业产生的高浓度 NH_4^+-N 废水（NH_4^+-N 浓度 1~70g/L）的资源化处理。

3.7.6.3　技术就绪度评价等级

TRL-7。

3.7.6.4　技术指标及参数

A　基本原理

抗结垢精馏塔内件主要从塔内件结构设计和塔内件表面处理等方面实现精馏塔长时间抗结垢。通过专门设计的高性能塔内件——槽式液体分布器，它采用连通式一级槽及导流板结构，使塔内液体分布更均匀，传热效率更高，有效减少脱氨过程的蒸汽消耗量，且液体流动更顺畅，减少垢的沉积[102,103]；通过改性碳纳米涂层和复合金属涂层等塔内件表面处理技术，提高了塔内件表面的疏水性、降低表面粗糙度，减少垢质沉积，减少设备堵塞的可能性，延长了设备清洗维护周期。

B　工艺流程

废水首先进入预热器中进行预热，并根据需要选择加入碱，然后从脱氨塔中部的废水入口进入脱氨塔。废水与来自脱氨塔底部的蒸汽逆流接触，废水中的氨在蒸汽汽提的作用下进入气相，在脱氨塔的精馏段经过多次气液相平衡后，气相中的氨浓度大幅度提高，由塔顶进入塔顶冷凝器，含氨蒸汽被液化为稀氨水，稀氨水再经过回流泵从塔顶回流到脱氨塔中，当冷凝氨水浓度达到所需浓度（16%~25%）后，氨水作为产品被输送到回收氨水储罐。脱氨后废水由塔底流出（NH_4^+-N<10mg/L），塔底出水经与进塔废水换热后可达标排放或回用，也可进入后续金属回收系统进行重金属回收。图 3-33 为工艺流程。

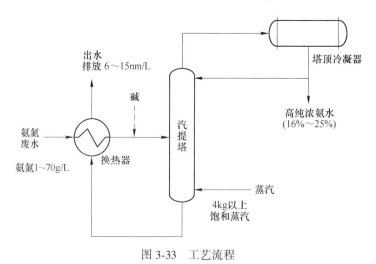

图 3-33　工艺流程

C　主要技术创新点及经济指标

主要技术创新点如下所示。

（1）设计了专用的塔内件结构。基于流体力学计算、过程模拟和三维设计结果，开发研制出具有特殊结构的脱氨塔板和分布器等高性能专用塔内件。研制出专用的液体分布器——槽式液体分布器,其为全连通式一级槽及导流板,采用加设特殊支撑分布槽结构,液体可以在大流量范围内均匀分布到各个分布二极槽中,而导流板的加设使液体分布更为均匀。

优化设计的塔内件结构增加了气液相在精馏塔内的接触面积,显著改善了塔内的传热传质效果,提高了设备的汽提脱氨处理效率,同时降低了蒸汽消耗量。

(2)塔内件表面处理和改性技术。开发了精馏塔内复合金属涂层和改性碳纳米涂层技术,降低了垢质在设备表面的沉积,提升设备抗垢阻垢能力。复合金属涂层的制备方法主要是将粒径为 0.05nm~100μm 的金属化合物与有机溶剂的混合液覆于经过处理的负载件表面,陈化,获得复合金属涂层。该复合金属涂层不易脱落,具有阻垢效果好、厚度小、稳定性好的特点。改性碳纳米涂层是在氢气或氩气气氛下,通过高温、冷却作用,在表面生成巯基和膦接枝的三维碳纳米结构,该结构能够有效抑制钙盐和镁盐在表面沉积,且耐受温度不低于 160℃。

4 制药行业全过程水污染控制技术评估

4.1 制药行业全过程水污染控制技术评估现状

4.1.1 评估方法

4.1.1.1 专家打分法

专家打分法是一种以专家的主观判断为基础，通常以专家打分的方式对所评价的对象进行评价，以专家打分的高低来筛选评价对象的优劣。专家评价法的优点是操作过程相对简单，得到了广泛的应用。专家评价法缺点是主观性太强，评价结果的可靠程度受到诸多因素的影响而缺少权威性。因此，专家评价法在对一些相对简单的评价对象进行评价时能显示出一定的优势，而对一些比较复杂的评价对象进行评价时，则受到很多因素的限制。

4.1.1.2 层次分析法

层次分析法是一种利用定性和定量相结合确定方案指标权重的方法[104]。层次分析法的基本原理是通过对多种评价方案中的各评价因素进行权重计算和分析，最终将各评价方案（或措施）排出优劣次序，为决策提供技术依据。其具体可描述为：层次分析法首先将决策的问题看作受多种因素影响的大系统，这些相互关联、相互制约的因素可以按照它们之间的隶属关系排成从高到低的若干层次（称为构造递阶层次结构），并以同一层次的各种要素按照上一层要素为准则，请专家、学者、权威人士对各因素两两比较重要性，再利用数学方法计算出各要素的权重，对各因素层层排序，最后对排序结果进行分析，根据综合权重按最大权重原则确定最优方案，辅助进行决策。

4.1.1.3 模糊综合评价法

模糊综合评价法[105]是一种基于模糊数学的综合评价方法。该方法根据模糊数学的隶属度理论把定性评价转化为定量评价，即用模糊数学对受到多种因素制约的事物或对象做出一个总体的评价。模糊综合评判法是对受多种因素影响的事物做出全面评价的一种十分有效的方法。为了能够全面地评价事物，模糊综合评判法的数学模型又分为单层次评判模型和多层次评判模型。模糊综合评价法优点是可对涉及模糊因素的对象系统进行综合评价，更加适宜于评价因素多、结构层次多的对象系统。它具有结果清晰、系统性强等优点，能较好地解决模糊的、难以量化的问题，适合解决各种非确定性问题。模糊综合评价法的不足之处是模糊综合评价过程本身并不能解决评价指标间相关造成的评价信息重复问题，隶属函数的确定还没有系统的方法。

4.1.1.4　数据包络法

数据包络分析（data envelopment analysis，DEA）方法和模型[106]是 1978 年由美国 A. Charnes 和 W. W. Cooper 等人首先提出的，它用来评价多输入和多输出的"部门（称为决策单元）"的相对有效性。数据包络分析方法的优点是所构建的模型较为清楚，但其应用范围限于对一类具有多输入、多输出的对象系统的相对有效性评价。此外，数据包络分析方法对于有效单元所能给出的信息较少，而如何指导这一类单元进一步保持其相对有效地位则是实际工作中所面临的重要问题。

4.1.1.5　灰色关联分析法

灰色关联分析（grey relational analysis，GRA）[107]是一种多因素统计分析方法，它是以各因素的样本数据为依据用灰色关联度来描述因素间关系的强弱、大小和次序的。如果样本数据列反映出两因素变化的态势（方向、大小、速度等）基本一致，则它们之间的关联度较大；反之，关联度较小。与传统的多因素分析方法（相关、回归等）相比，灰色关联分析对数据要求较低且计算量小，便于广泛应用。灰色关联分析法的核心是计算关联度，而原有的关联度计算公式对各样本采用平权处理，客观性较差，这不符合某些样本更为重要的实际情况。

4.1.1.6　生命周期法

生命周期评价（life cycle assessment，LCA），也称为生命周期分析，是一种用于评估与产品有关的环境因素及其潜在影响的技术[108]。LCA 研究贯穿产品生命全过程，包括从获取原材料、生产、使用直至最终处置的环境因素和潜在影响。要考虑的环境影响类型包括资源利用、人体健康和生态后果。生命周期评价主要是应用于与产品有关的技术评价，我国对生命周期的研究主要处在对生命周期评价的概念和国外生命周期体系的介绍和简单应用上，所以生命周期评价方法的应用受到了较大的限制。

4.1.1.7　数理统计法

数理统计方法[109]主要是应用其中的主成分分析（principal component analysis）、因子分析（factor analysis）、聚类分析（cluster analysis）、判别分析（discriminant analysis）等方法对一些对象进行分类和评价，该类方法在环境质量、经济效益的综合评价以及工业主体结构的选择等方面得到了应用。数理统计方法是一种不依赖于专家判断的客观方法，优点是可以排除评价中人为因素的干扰和影响，而且比较适宜于评价指标间彼此相关程度较大的对象系统的综合评价。数理统计方法的不足之处是该方法给出的评价结果仅对方案决策或排序比较有效，并不反映现实中评价目标的真实重要性程度，其应用时要求评价对象的各因素须有具体的数据值。

4.1.2　评估流程

在实际应用中，由于评价对象的所属目标范围不同、评估侧重点的差异、定量和定性信息的获取难易度以及信息的不确定性等原因，使得技术评估过程一般都比较复杂。技术评估流程大体上可以包括以下4个部分：

（1）确定评估目标。评估最佳的状态是目标和方法的统一，明确评估目标尤为重要。评估目标制约着评估标准的选择，影响整个评估过程，评估目标和方法的匹配是衡量评估是否科学的重要体现。本课题展开的制药废水处理技术评估的目标是从众多废水处理技术中筛选出的最佳处理技术。

（2）收集相关资料。相关资料的收集是指价值主体信息、价值客体信息、参照客体信息和环境信息的获取等。通过收集、搜索、筛选和正确的信息处理过程等获取相关资料。本课题收集的资料主要涉及评价基础和统计学等理论知识、国内外技术评估方法、现状和水污染处理技术概况等。

（3）建立指标体系。指标是衡量投资项目态势的尺度，指标体系是综合评价对象系统的结构框架。指标体系用于综合反映、说明评价对象的状态，而指标名和指标值是其质和量的规定。指标体系主要是通过系统评估方法来建立和完善的，评估方法的选择因评价对象的差异而不同，通常在目标分析的基础上，选择运用较成熟、公认和常用的评估方法。本课题拟通过层次分析法建立制药废水处理技术评估指标体系。

（4）技术评估。以建立的评估指标体系为基础，利用数学模型展开技术评估。制药废水处理技术种类繁多，本研究将主要选择运用广泛、代表性强的废水处理技术作为评价对象，凭借评估体系与模型，开展技术评估。

4.1.3　评估现状

国外污水处理工艺的评估开展较早，美国曾就城市污水处理的11项技术以及污泥处置的12项技术进行经济技术评估。我国水污染控制技术评价从20世纪80年代就已经开展，在电镀含铬废水、焦化废水及城市污水等处理技术评估中得到广泛运用，对技术的筛选及评估提供指导。

凌琪[110]运用层次分析法建立了镀铬废水治理技术层次分析模型，模型包括环境效益、经济效益和技术性能3个准则层指标，下含10项指标层指标。其利用层次分析法进行评估指标权重值的确定，将复杂的权重判断通过指标的两两重要性判断获得，将复杂的问题简单化。综合层次分析法和专家打分法，确定了各指标权重指标值和技术得分，运用加权模型得技术综合评价值。

秦川[111]运用层次分析法和模糊综合评价法建立了焦化废水处理技术评估模型，通过层次分析法确定指标权重值，利用模糊理论建立隶属函数和模糊评语集，最后通过模糊矩阵的合成运算得到各焦化废水处理技术综合评价结果。

杨渊[112]运用专家咨询法与熵权法建立了城市污水处理技术的评估模型，其以调研为基础，建立了包括经济、技术和环境在内的评估指标体系，并利用综合模糊积分法完成了评估模型的建立。

梁静芳[113]采用层次分析法和模糊综合评价法建立了制药行业水污染防控技术评估模型，对制药行业水污染防治技术进行技术评估，通过评估结果筛选出最佳适用技术，为环境管理部门、制药企业以及工程技术人员提供技术支持和决策参考。

R. Rodríguez 等人[114]利用生命周期法评价了非均质和均质芬顿法处理制药废水的环境效益，分析结果表明，利用非均质芬顿法对制药废水进行处理对环境更加友好。

当前，可用于制药废水处理的技术种类很多，从中选择最佳的废水处理技术需要凭借评估手段才能得以实现。制药废水处理技术评估涉及技术、经济、资源和环境等多方面，是典型的多目标评估过程。在该制药行业废水处理技术评估研究中将选择层次分析法来计算各废水处理技术各指标的权重。

4.2 制药行业全过程水污染控制技术评估体系

4.2.1 评估指标体系建立的原则

技术评估体系建立的原则如下：

（1）目的性原则。明确评估对象是辽河流域典型行业有毒有害物污染控制技术，一切指标的筛选都应该以技术为核心，充分考虑技术对环境、经济、技术等各个方面的综合影响。

（2）科学性原则。评价质量的高低主要是由指标体系的设置来决定，指标体系越科学合理，就越能得到可靠的评价结果。指标的选择需要具有系统性、完整性和代表性，通过调研和资料查阅，综合运用理论知识，筛选出具有代表性的评估指标。通过定性、定量分析，建立系统、完善的评估指标体系。

（3）系统性原则。系统性是指在进行对象评估时，将评估对象看成是统一整体，这时则需要系统、全面的评估指标作为基础，在早期的废水处理技术评估研究中，主要考虑的是经济和技术因素，随着人们环境意识的增强和国家政策的严格，只考虑这两方面影响因素不能全面正确的反映当前社会的要求，还需要考虑社会以及环境等因素的影响。

（4）可操作性原则。评估指标体系建立为辽河流域典型行业有毒有害物污染控制技术筛选提供了工具，在实际中指导最佳技术的筛选才是体现其真正价值。要保证指标体系有良好的可操作性，需要注意以下3点：1）评估体系结构简单，便于评估操作；2）评估方法成熟，在实际中得到广泛的运用，可信度高；3）考虑废水处理技术各项指标数据的可获性，设置指标的数据可通过现有的环境监测及统计等手段获得。

4.2.2 评估指标确定的依据

在实际的评价过程中，并非指标越多越好，也不是越少越好，关键在于评估指标在评价中所起的作用大小，确定指标的原则是选择尽量少的"主要"评价指标。

指标的选择主要参考目前现有的各行业水处理技术评估方法，同时考虑我国环境技术管理、技术评价等方面的有关文件。结合本课题研究内容，参考的文件大致如下：

（1）《国家鼓励发展的环境保护技术评价手册》——生态环境部。

（2）《污染防治最佳可行技术评价技术通则》——北京市环境科学研究院。

（3）《国家重点环境保护实用技术申报与评审实施细则》——生态环境部。

（4）《国家环境保护技术评价与示范管理办法》——生态环境部。

（5）《国家环境技术管理体系建设规划》——生态环境部。

（6）《国家环境技术评价、示范和推广管理办法》——生态环境部。

（7）《水污染防治技术管理体系框架及评价方法研究》——"十一五"国家重大水专项课题。

（8）《污水综合排放标准》（GB 8978—1996）。

（9）《制药工业水污染物排放标准》（GB 21903～21908—2008）系列标准。

（10）《钢铁工业水污染物排放标准》（GB 13456—2012 代替 GB 13456—1992）。

（11）《纺织染整工业水污染物排放标准》（GB 4287—2012 代替 GB 4287—92）。

（12）《中国水中优先控制污染物黑名单的确定》（周文敏 傅德黔 孙宗光 中国环境监测总站）。

（13）《美国清洁水法案》1977 年修正案。

4.2.3　评估指标体系的建立

评估指标预选是指标体系建立的基础，指标预选主要是以相关废水处理技术评估指标体系作为参考，再结合制药行业废水的具体特点来确定。通过调研当前已开展的部分废水处理技术评估研究可知，废水处理技术评价体系都包括了经济、技术、环境这 3 个一级指标，由于各指标体系建立的侧重点不同，还涉及到管理、二次污染、适应性、费用影响等指标；二级指标则包括投资费用、运行费用、资源回收、污染物去除率、抗冲击负荷等指标。总而言之，水污染防治技术评价指标体系必须涵括经济、技术、环境这 3 项基本的一级指标，具体二级、三级指标可以参考类似指标体系进行。

制药行业水污染全过程控制技术可分为 3 类，即原料药（抗生素）制造清洁生产技术、制药行业废水废液资源化技术、制药行业废水处理技术，由于这 3 类技术的不同特点，技术评价指标也有所差异，因此评价指标体系分为原料药（抗生素）制造清洁生产技术评价指标体系、制药行业废水废液资源化与废水处理技术评价指标体系。原料药（抗生素）制造清洁生产技术评价指标体系和制药行业废水废液资源化与废水处理技术评价指标体系分别如图 4-1 和图 4-2 所示。

4.2.4　模型的建立

为了开展技术评估，在建立评估指标体系的基础上，必须要实现评估指标的定量化。该项目将利用层次分析法和模糊综合评价法建立原料药（抗生素）制造清洁生产技术、制药废水废液资源化技术和制药废水处理技术评估模型。

多指标综合评估是将评价值通过数学模型合成为一个综合评价值。合成的数学模型较多，可以根据评估指标和准则的要求来选择评价合成模型。评估结果的得出必须通过函数的转换才能实现，常用的评估函数种类很多，需要根据被评价对象的特点和评估准则选择适当的评价函数。

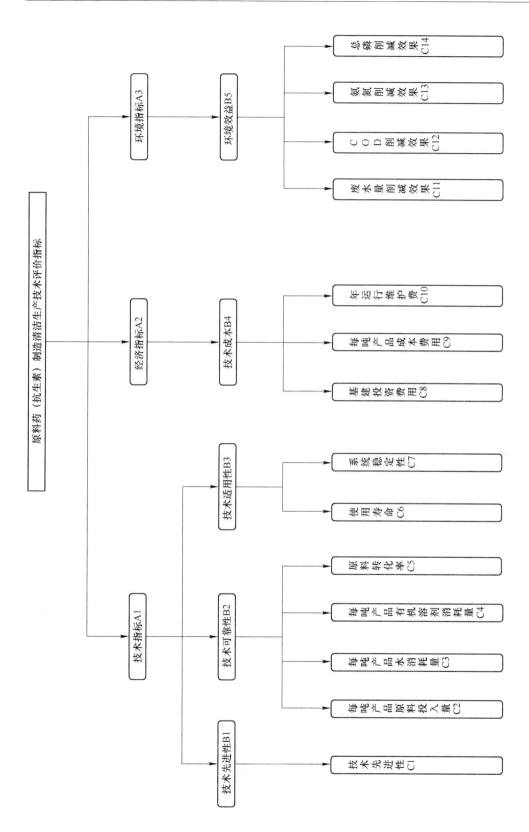

图4-1 原料药（抗生素）制造清洁生产技术评价指标体系

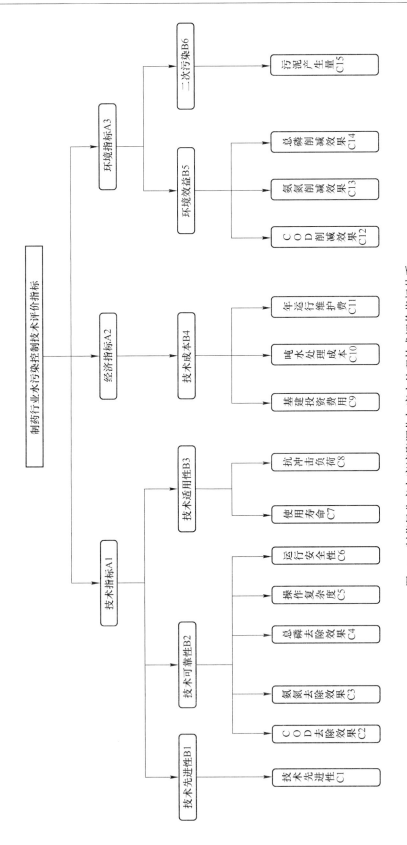

图4-2　制药行业废水废液资源化与废水处理技术评价指标体系

　　该研究基于层次分析法和模糊评价理论建立的综合评估模型，通过专家对评估指标的两两重要性判断，在运用数学方法求解判断矩阵的基础上，得到各评估指标的权重值。此外，通过引入模糊理论中的隶属函数作为工具，实现各评估指标的定量化处理，最后完成评估模型的建立。

4.3 制药行业全过程水污染控制技术综合评估

4.3.1 原料药（抗生素）制造清洁生产技术综合评估

4.3.1.1 评估指标权重值的确定

　　运用层次分析法确定各评估指标的权重，邀请制药行业专家按照 1~9 标度法（见表 4-1），比较两两指标间重要程度，对制药行业水处理技术评估指标体系中各指标的相对重要性赋值。专家对各评估指标相对重要性比较见表 4-2。

表 4-1　判断矩阵标度及含义

标度	含　义
1	表示因素 b_i 与 b_j 比较，具有同等重要性
3	表示因素 b_i 与 b_j 比较，具有稍微重要性
5	表示因素 b_i 与 b_j 比较，具有明显重要性
7	表示因素 b_i 与 b_j 比较，具有强烈重要性
9	表示因素 b_i 与 b_j 比较，具有极端重要性
2，4，6，8	分别表示相邻判断 1，3，5，7，9 的中值
倒数	若 i 元素与 j 元素重要性之比为 b_{ij}，则元素 j 与元素 i 的重要性之比为 $b_{ji}=1/b_{ij}$，$b_{ii}=1$

表 4-2　专家评估指标赋值表

比较对象（二选一，较重要的请打√）			重要程度（选填数字 1~9）
一级指标 A	技术指标√	经济指标	29/8
	技术指标√	环境指标	5/2
	经济指标	环境指标√	7/2
二级技术指标	技术先进性	技术可靠性√	15/4
	技术先进性	技术适用性√	21/8
	技术可靠性√	技术适用性	19/8
三级技术可靠性指标	每吨产品原料投入量√	每吨产品水消耗量	3
	每吨产品原料投入量	每吨产品有机溶剂消耗量√	3
	每吨产品原料投入量	原料转化率√	13/4
	每吨产品水消耗量	每吨产品有机溶剂消耗量√	7/2
	每吨产品水消耗量	原料转化率√	27/8
	每吨产品有机溶剂消耗量√	原料转化率	19/8

比较对象（二选一，较重要的请打√）		重要程度（选填数字1~9）
三级技术适应性指标	使用寿命 ・ 系统稳定性√	27/8
三级技术成本指标	基建投资费用 ・ 每吨产品成本费用√	13/4
	基建投资费用√ ・ 年运行维护费	9/8
	每吨产品成本费用√ ・ 年运行维护费	11/4
三级环境效益	废水量削减效果 ・ COD 削减效果√	13/4
	废水量削减效果 ・ 氨氮削减效果√	23/8
	废水量削减效果 ・ 总磷削减效果√	3
	COD 削减效果 ・ 氨氮削减效果	1
	COD 削减效果 ・ 总磷削减效果	1
	氨氮削减效果 ・ 总磷削减效果	1

按照专家对评估指标的相对重要性的赋值，计算权重。

（1）建立正确的判断矩阵 A，再利用该矩阵进行一级指标对目标层的权重计算。根据表 4-2 的数据可知，判断矩阵 A 为

$$A = \begin{pmatrix} 1 & 29/8 & 5/2 \\ 8/29 & 1 & 2/7 \\ 2/5 & 7/2 & 1 \end{pmatrix}$$

求出矩阵的最大特征根：$\lambda_{max} = 3.0869$，相应的特征向量 $w = (0.5740, 0.1180, 0.3080)$。

一致性检验：当矩阵阶数 $n = 3$ 时，平均随机一致性指标 $RL = 0.52$，一致性检验指标 $CL = \dfrac{\lambda_{max} - n}{n - 1} = \dfrac{3.0869 - 3}{3 - 1} = 0.04345$，随机一致性比例 $CR = CL/RL = 0.04345/0.52 = 0.0836 < 0.1$，因此，一致性检验通过。

（2）如上所述，可以对本层次与它相关联的元素相对于上一层次某元素的相对重要性权重依次进行计算，所得结果见表 4-3~表 4-8。

表 4-3　3 个一级指标对目标层的权重系数

指　标	技术指标	经济指标	环境指标	权重
技术指标	1	29/8	5/2	0.5740
经济指标	8/29	1	2/7	0.1180
环境指标	2/5	7/2	1	0.3080

注：$\lambda_{max} = 3.0869$，$CL = 0.0445$，$RL = 0.52$，$CR = 0.0836 < 0.1$。

表 4-4　技术指标下属 3 个二级指标的权重系数

指　标	技术先进性	技术可靠性	技术适用性	权重
技术先进性	1	4/15	8/21	0.1306

指　标	技术先进性	技术可靠性	技术适用性	权重
技术可靠性	15/4	1	19/8	0.5801
技术适用性	21/8	19/8	1	0.2893

注：$\lambda_{max}=3.0288$，$CL=0.0144$，$RL=0.52$，$CR=0.0277<0.1$。

表4-5　技术可靠性指标下属4个三级指标的权重系数

指　标	每吨产品原料投入量	每吨产品水消耗量	每吨产品有机溶剂消耗量	原料转化率	权重
每吨产品原料投入量	1	3	1/3	4/13	0.1545
每吨产品水消耗量	1/3	1	2/7	8/27	0.0843
每吨产品有机溶剂消耗量	3	7/2	1	19/8	0.4579
原料转化率	13/4	27/8	8/19	1	0.3033

注：$\lambda_{max}=4.2292$，$CL=0.0764$，$RL=0.89$，$CR=0.0858<0.1$。

表4-6　技术适用性指标下属2个三级指标的权重系数

指　标	使用寿命	系统稳定性	权重
使用寿命	1	8/27	0.2286
系统稳定性	27/8	1	0.7714

注：$\lambda_{max}=2$，$CL=0$，$RL=0$，$CR=0<0.1$。

表4-7　技术成本指标下属3个三级指标的权重系数

指　标	基建投资费用	每吨产品成本费用	年运行维护费	权重
基建投资费用	1	4/13	8/9	0.1873
每吨产品成本费用	13/4	1	11/4	0.5986
年运行维护费	9/8	4/11	1	0.2141

注：$\lambda_{max}=3.0003$，$CL=0.0002$，$RL=0.52$，$CR=0.0004<0.1$。

表4-8　环境效益指标下属4个三级指标的权重系数

指　标	废水量削减效果	COD削减效果	氨氮削减效果	总磷削减效果	权重
废水量削减效果	1	4/13	8/23	1/3	0.0990
COD削减效果	13/4	1	1	1	0.3055
氨氮削减效果	23/8	1	1	1	0.2962
总磷削减效果	3	1	1	1	0.2993

注：$\lambda_{max}=4.0015$，$CL=0.0005$，$RL=0.89$，$CR=0.0006<0.1$。

（3）层次总排序，即进一步计算出指标层各评估指标对目标层的综合权重。指标层各评估指标对目标层的综合权重 $W=$ 一级指标权重×二级指标权重×三级指标权重，结果见表4-9。

表4-9　原料药（抗生素）制造清洁生产技术评估指标的综合权重

一级指标	权重	二级指标	权重	三级指标	权重	综合权重
技术指标	0.5740	技术先进性	0.1306	技术先进性	1	0.0750
		技术可靠性	0.5801	每吨产品原料投入量	0.1545	0.0514
				每吨产品水消耗量	0.0843	0.0281
				每吨产品有机溶剂消耗量	0.4579	0.1525
				原料转化率	0.3033	0.1010
		技术适用性	0.2893	使用寿命	0.2286	0.0380
				系统稳定性	0.7714	0.1281
经济指标	0.1180	技术成本	1	基建投资费用	0.1873	0.0221
				每吨产品成本费用	0.5986	0.0706
				年运行维护费	0.2141	0.0252
环境指标	0.3080	环境效益	1	废水削减量	0.0990	0.0305
				COD削减效果	0.3055	0.0941
				氨氮削减效果	0.2962	0.0912
				总磷削减效果	0.2993	0.0922

4.3.1.2　模糊综合评价

根据文献调研、现场调研及专家咨询，本次评估指标评价标准分为很好、较好和一般3个评价等级，具体评价标准见表4-10。然后邀请多位相关专家根据指标评价等级标准（见表4-10），对制药行业清洁生产技术进行评估，采用百分比统计法统计专家意见，最终得到各项技术各指标统计结果见表4-11。

表4-10　指标评价等级标准

评估指标			评价标准		
			很好	较好	一般
技术指标	技术先进性		技术非常先进	技术较为先进	技术先进性一般
	技术可靠性	每吨产品原料投入量	原料投入量很低	原料投入量较少	原料投入量较多
		每吨产品水消耗量	水消耗量很低	水消耗量较低	水消耗量较高
		每吨产品有机溶剂消耗量	有机溶剂消耗量很低	有机溶剂消耗量较低	有机溶剂消耗量低
		原料转化率	原料转化率高	原料转化率较高	原料转化率低
	技术适用性	使用寿命	使用寿命长	使用寿命一般	使用寿命短
		系统稳定性	系统稳定性好	系统稳定性一般	系统稳定性差

评 估 指 标			评 价 标 准		
			很好	较好	一般
经济指标	技术成本	基建投资费用	投资成本低，绝大多数企业都可以承受	投资成本适中，一般企业可以接受	投资成本高，中小型企业难以承受
		每吨产品成本费用	成本低，绝大多数企业均可以负担	成本适中，一般企业可以负担	成本高，中小型企业难以负担
		年运行维护费	维护费用低，绝大多数企业均可以负担	维护费用适中，一般企业可以负担	维护费用高，中小型企业难以负担
环境指标	环境效益	废水量削减效果	废水量削减50%	废水量削减30%	废水量削减10%
		COD削减效果	COD削减50%	COD削减30%	COD削减不足10%
		氨氮削减效果	氨氮削减50%	氨氮削减30%	氨氮削减不足10%
		总磷削减效果	总磷削减50%	总磷削减30%	总磷削减小于10%

采用层次分析法&模糊综合评价法对原料药（抗生素）制造清洁生产技术进行评估，结果如下：

（1）一级模糊综合评价。以合成培养基替代有机复合培养基技术为例，构造准则层 C_i 所包含的最低层的模糊隶属矩阵和权重矩阵，根据公式：$C_i = W_i \cdot R_i$

$$C_1 = W_1 \cdot R_1 = \begin{bmatrix} 1 \end{bmatrix} \cdot \begin{bmatrix} 0.5 & 0.5 & 0 \end{bmatrix} = \begin{bmatrix} 0.5 & 0.5 & 0 \end{bmatrix}$$

$$C_2 = W_2 \cdot R_2 = \begin{bmatrix} 0.1545 & 0.0843 & 0.4579 & 0.3033 \end{bmatrix} \cdot \begin{bmatrix} 0.25 & 0.75 & 0 \\ 0.375 & 0.5 & 0.125 \\ 0 & 0.875 & 0.125 \\ 0.5 & 0.375 & 0.125 \end{bmatrix}$$

$$= \begin{bmatrix} 0.2219 & 0.6724 & 0.1057 \end{bmatrix}$$

$$C_3 = W_3 \cdot R_3 = \begin{bmatrix} 0.2286 & 0.7714 \end{bmatrix} \cdot \begin{bmatrix} 0.25 & 0.5 & 0.25 \\ 0.25 & 0.625 & 0.125 \end{bmatrix}$$

$$= \begin{bmatrix} 0.25 & 0.5964 & 0.1536 \end{bmatrix}$$

由此可以得到技术指标第二层判断矩阵：

$$D_1 = \begin{bmatrix} 0.5 & 0.5 & 0 \\ 0.2219 & 0.6724 & 0.1057 \\ 0.25 & 0.5964 & 0.1536 \end{bmatrix}$$

$$C_4 = W_4 \cdot R_4 = \begin{bmatrix} 0.1873 & 0.5986 & 0.2141 \end{bmatrix} \cdot \begin{bmatrix} 0.125 & 0.625 & 0.25 \\ 0 & 1 & 0 \\ 0.125 & 0.875 & 0 \end{bmatrix}$$

$$= \begin{bmatrix} 0.0502 & 0.903 & 0.0468 \end{bmatrix}$$

表4-11 原料药（抗生素）制造清洁生产技术专家打分表（在相应位置打√）

评价指标		合成培养基替代有机复合培养基技术			头孢氨苄酶催化合成技术			推进式全混型反应结晶装备			合成用青霉素酰化酶		
		很好	较好	一般	很好	较好	一般	很好	较好	一般	很好	较好	一般
技术指标	技术先进性	0.5	0.5	0	0.625	0.375	0	0.375	0.625	0	0.5	0.5	0
	每吨产品原料投入量	0.25	0.75	0	0.625	0.375	0	0.25	0.625	0.125	0.375	0.625	0
	每吨产品水消耗量	0.375	0.5	0.125	0.5	0.375	0.125	0.625	0.375	0	0.375	0.25	0.375
	每吨产品有机溶剂消耗量	0	0.875	0.125	0.875	0.125	0	0.375	0.5	0.125	0.5	0.125	0.375
	原料转化率	0.5	0.375	0.125	0.75	0.25	0	0.625	0.375	0	0.375	0.625	0
技术可靠性	使用寿命	0.25	0.5	0.25	0.25	0.625	0.125	0.25	0.625	0.125	0.5	0.25	0.25
技术适用性	系统稳定性	0.25	0.625	0.125	0.375	0.5	0.125	0.25	0.625	0.125	0.625	0.25	0.125
经济指标 技术成本	基建投资费用	0.125	0.625	0.25	0.25	0.625	0.125	0.25	0.375	0.375	0.375	0.375	0.25
	每吨产品成本费用	0	1	0	0.25	0.75	0	0.375	0.5	0.125	0.625	0.375	0
	年运行维护费	0.125	0.875	0	0.375	0.625	0	0.375	0.375	0.25	0.5	0.375	0.125
环境指标 环境效益	废水量削减效果	0.375	0.5	0.125	0.375	0.5	0	0.5	0.5	0	0.25	0.5	0.25
	COD削减效果	0.625	0.375	0	0.375	0.625	0	0.25	0.75	0	0.375	0.5	0.125
	氨氮削减效果	0.5	0.25	0.25	0.375	0.5	0.125	0.125	0.625	0.25	0.25	0.625	0.125
	总磷削减效果	0.5	0.25	0.25	0.5	0.25	0.25	0.125	0.5	0.375	0.125	0.625	0.25

由此可以得到经济指标第二层判断矩阵为

$$\boldsymbol{D}_2 = \begin{bmatrix} 0.0502 & 0.903 & 0.0468 \end{bmatrix}$$

$$\boldsymbol{C}_5 = \boldsymbol{W}_5 \cdot \boldsymbol{R}_5 = \begin{bmatrix} 0.0990 & 0.3055 & 0.2962 & 0.2993 \end{bmatrix} \cdot \begin{bmatrix} 0.375 & 0.5 & 0.125 \\ 0.625 & 0.375 & 0 \\ 0.5 & 0.25 & 0.25 \\ 0.5 & 0.25 & 0.25 \end{bmatrix}$$

$$= \begin{bmatrix} 0.5258 & 0.3129 & 0.1613 \end{bmatrix}$$

由此可以得到环境指标第二层判断矩阵为

$$\boldsymbol{D}_3 = \begin{bmatrix} 0.5258 & 0.3129 & 0.1613 \end{bmatrix}$$

(2) 二级模糊综合评价。通过一级模糊综合运算求出准则层 $\boldsymbol{C}$ 中各项指标所对应的不同评价等级的隶属度，根据公式：$\boldsymbol{B}_1 = \boldsymbol{W}_1 \cdot \boldsymbol{D}_1$，则第二层模糊综合评价集：

$$\boldsymbol{B}_1 = \boldsymbol{W}_1 \cdot \boldsymbol{D}_1 = \begin{bmatrix} 0.1306 & 0.5801 & 0.2893 \end{bmatrix} \cdot \begin{bmatrix} 0.5 & 0.5 & 0 \\ 0.2219 & 0.6724 & 0.1057 \\ 0.25 & 0.5964 & 0.1536 \end{bmatrix}$$

$$= \begin{bmatrix} 0.2664 & 0.6279 & 0.058 \end{bmatrix}$$

$$\boldsymbol{B}_2 = \boldsymbol{W}_2 \cdot \boldsymbol{D}_2 = \begin{bmatrix} 1 \end{bmatrix} \cdot \begin{bmatrix} 0.0502 & 0.903 & 0.0468 \end{bmatrix} = \begin{bmatrix} 0.0502 & 0.903 & 0.0468 \end{bmatrix}$$

$$\boldsymbol{B}_3 = \boldsymbol{W}_3 \cdot \boldsymbol{D}_3 = \begin{bmatrix} 1 \end{bmatrix} \cdot \begin{bmatrix} 0.5258 & 0.3129 & 0.1613 \end{bmatrix} = \begin{bmatrix} 0.5258 & 0.3129 & 0.1613 \end{bmatrix}$$

由此可以得到第三层判断矩阵：

$$\boldsymbol{B} = \begin{bmatrix} 0.2664 & 0.6279 & 0.058 \\ 0.0502 & 0.903 & 0.0468 \\ 0.5258 & 0.3129 & 0.1613 \end{bmatrix}$$

(3) 三级模糊综合评价。通过二级模糊综合运算求出准则层 $\boldsymbol{B}$ 中各项指标所对应的不同评价等级的隶属度，根据公式：$\boldsymbol{A}_1 = \boldsymbol{W}_1 \cdot \boldsymbol{C}_1$，则第三层模糊综合评价集

$$\boldsymbol{A}_1 = \boldsymbol{W}_1 \cdot \boldsymbol{B} = \begin{bmatrix} 0.5740 & 0.1180 & 0.3080 \end{bmatrix} \cdot \begin{bmatrix} 0.2664 & 0.6279 & 0.058 \\ 0.0502 & 0.903 & 0.0468 \\ 0.5258 & 0.3129 & 0.1613 \end{bmatrix}$$

$$= \begin{bmatrix} 0.3208 & 0.5634 & 0.1159 \end{bmatrix}$$

通过相同的步骤，分别对头孢氨苄酶催化合成技术、推进式全混型反应结晶装备、合成用青霉素酰化酶技术进行一级、二级和三级模糊评估，分别得到结果为

头孢氨苄酶催化合成技术 $\boldsymbol{A}_2 = \begin{bmatrix} 0.5194 & 0.4153 & 0.0653 \end{bmatrix}$

推进式全混型反应结晶装备 $\boldsymbol{A}_3 = \begin{bmatrix} 0.4714 & 0.4250 & 0.1036 \end{bmatrix}$

合成用青霉素酰化酶 $\boldsymbol{A}_4 = \begin{bmatrix} 0.4228 & 0.4215 & 0.1557 \end{bmatrix}$

(4) 综合评估得分计算。对 3 个指标评价等级"很好、较好、一般"，分别赋值为"5 分、3 分、1 分"的分值，对某一控制技术最后的模糊综合评估结果所属的隶属度分别乘以等级分值 F，即得到该污染控制技术的综合评估得分。计算公式如下：

$$D_i = \sum_{l=1}^{n} A_{ij} \cdot F \tag{4-1}$$

式中，D_i 为污染控制技术 i 的综合评估得分；A_{ij} 为污染控制技术 i 的指标 j 的模糊评价结果；F 为评价等级分值。

根据式（4-1）计算得出原料药（抗生素）制造清洁生产技术的综合得分，见表4-12。由计算结果可知，原料药（抗生素）制造清洁生产技术综合得分较高的是头孢氨苄酶催化合成技术和推进式全混型反应结晶装备。头孢氨苄酶法合成技术是针对头孢氨苄生产过程存在的能耗高、污染严重等问题开发的清洁生产技术。在水溶液中，以母核7-ADCA和侧链PGME为原料，固定化青霉素酰化酶为催化剂，一步催化反应合成头孢氨苄。该技术突破了头孢氨苄酶法合成技术难题，实现了水溶液中头孢氨苄一步催化合成制备。反应条件温和，工艺简单，不使用挥发性有机溶剂、基团保护剂等辅助化学品，从工艺源头大幅降低了废水COD、VOCs等污染物的排放。推进式全混型反应结晶装备通过调控体系pH值和温度等，进行多级连续流高效结晶，获得晶型完整、稳定性好的药物晶体产品，突破了头孢氨苄药物规模化水相连续结晶清洁生产关键技术与设备，提高了药物产品质量和收率，降低了单位产品工艺水耗量和结晶母液废水COD排放。

表 4-12　原料药（抗生素）制造清洁生产技术综合得分

技　术　名　称	得　　分
合成培养基替代有机复合培养基	3.4097
头孢氨苄酶催化合成技术	3.9082
推进式全混型反应结晶装备	3.7357
合成用青霉素酰化酶	3.5341

4.3.2　废水废液资源化技术与制药废水处理技术综合评估

4.3.2.1　评估指标权重值的确定

运用层次分析法确定各评估指标的权重，邀请制药行业专家按照1~9标度法（见表4-1），通过比较两两指标间重要程度，对制药行业水处理技术评估指标体系中各指标的相对重要性赋值。专家对各评估指标相对重要性比较见表4-13。

表 4-13　专家评估指标赋值表

比较对象（二选一，较重要的请打√）			重要程度（选填数字1~9）
一级指标 A	技术指标√	经济指标	27/8
	技术指标	环境指标√	33/8
	经济指标	环境指标√	11/2
二级技术指标	技术先进性	技术可靠性√	4
	技术先进性	技术适用性√	25/8
	技术可靠性√	技术适用性	25/8
二级环境指标	环境效益√	二次污染	13/4

比较对象（二选一，较重要的请打√）		重要程度（选填数字1~9）
三级技术可靠性指标	COD 去除效果√ 氨氮去除效果	5/4
	COD 去除效果√ 总磷去除效果	5/4
	COD 去除效果√ 操作复杂度	4
	COD 去除效果 运行安全性√	33/8
	氨氮去除效果 总磷去除效果√	5/4
	氨氮去除效果√ 操作复杂度	4
	氨氮去除效果 运行安全性√	17/4
	总磷去除效果√ 操作复杂度	33/8
	总磷去除效果 运行安全性√	17/4
	操作复杂度 运行安全性√	19/4
三级技术适应性指标	使用寿命 抗冲击负荷√	29/8
三级技术成本指标	基建投资费用 吨水处理成本√	25/8
	基建投资费用 年运行维护费√	9/8
	吨水处理成本√ 年运行维护费	3
三级环境效益	COD 削减效果√ 氨氮削减效果	5/4
	COD 削减效果√ 总磷削减效果	5/4
	氨氮削减效果 总磷削减效果	1

按照专家对评估指标的相对重要性的赋值，计算权重。

（1）建立正确的判断矩阵 A，再利用该矩阵进行一级指标对目标层的权重计算。根据表4-13的数据可知判断矩阵 A 为

$$A = \begin{pmatrix} 1 & 27/8 & 8/33 \\ 8/27 & 1 & 2/11 \\ 33/8 & 11/2 & 1 \end{pmatrix}$$

求出矩阵的最大特征根：$\lambda_{max} = 3.0966$，相应的特征向量 $w = (0.2257, 0.0911, 0.6832)$。

一致性检验：当矩阵阶数 $n=3$ 时，平均随机一致性指标 $RL=0.52$，一致性检验指标 $CL = \dfrac{\lambda_{max} - n}{n-1} = \dfrac{3.0966 - 3}{3-1} = 0.0483$，随机一致性比例 $CR = CL/RL = 0.0483/0.52 = 0.0929 < 0.1$，因此，一致性检验通过。

（2）如上所述，可以对本层次与它相关联的元素相对于上一层次某元素的相对重要性权重依次进行计算，所得结果见表4-14~表4-20。

表 4-14　3 个一级指标对目标层的权重系数

指　标	技术指标	经济指标	环境指标	权重
技术指标	1	27/8	8/33	0.2257
经济指标	8/27	1	2/11	0.0911
环境指标	33/8	11/2	1	0.6832

注：$\lambda_{max} = 3.0966$，$CL = 0.0483$，$RL = 0.52$，$CR = 0.0929 < 0.1$。

表 4-15　技术指标下属 3 个二级指标的权重系数

指　标	技术先进性	技术可靠性	技术适用性	权重
技术先进性	1	1/4	8/25	0.1149
技术可靠性	4	1	25/8	0.6186
技术适用性	25/8	8/25	1	0.2665

注：$\lambda_{max} = 3.0892$，$CL = 0.0446$，$RL = 0.52$，$CR = 0.0858 < 0.1$。

表 4-16　环境指标下属 2 个二级指标的权重系数

指　标	环境效益	二次污染	权重
环境效益	1	13/4	0.7647
二次污染	4/13	1	0.2353

注：$\lambda_{max} = 2$，$CL = 0$，$RL = 0$，$CR = 0 < 0.1$。

表 4-17　技术可靠性指标下属 5 个三级指标的权重系数

指　标	COD 去除效果	氨氮去除效果	总磷去除效果	操作复杂度	运行安全性	权重
COD 去除效果	1	5/4	5/4	4	8/33	0.1618
氨氮去除效果	4/5	1	4/5	4	4/17	0.1355
总磷去除效果	4/5	5/4	1	33/8	4/17	0.1490
操作复杂度	1/4	1/4	8/33	1	4/19	0.0512
运行安全性	33/8	17/4	17/4	19/4	1	0.5025

注：$\lambda_{max} = 5.2189$，$CL = 0.0547$，$RL = 1.12$，$CR = 0.0488 < 0.1$。

表 4-18　技术适用性指标下属 2 个三级指标的权重系数

指　标	使用寿命	抗冲击负荷	权重
使用寿命	1	8/29	0.2162
抗冲击负荷	29/8	1	0.7838

注：$\lambda_{max} = 2$，$CL = 0$，$RL = 0$，$CR = 0 < 0.1$。

表 4-19　技术成本指标下属 3 个三级指标的权重系数

指　标	基建投资费用	吨水处理成本	年运行维护费	权重
基建投资费用	1	8/25	8/9	0.1886
吨水处理成本	25/8	1	3	0.6046
年运行维护费	9/8	1/3	1	0.2068

注：$\lambda_{max} = 3.0007$，$CL = 0.0004$，$RL = 0.52$，$CR = 0.0007 < 0.1$。

表 4-20　环境效益指标下属 3 个三级指标的权重系数

指　　标	COD 削减效果	氨氮削减效果	总磷削减效果	权重
COD 削减效果	1	5/4	5/4	0.3846
氨氮削减效果	4/5	1	1	0.3077
总磷削减效果	4/5	1	1	0.3077

注：$\lambda_{max}=3$，$CL=3$，$RL=0.52$，$CR=0<0.1$。

（3）层次总排序，即进一步计算出指标层各评估指标对目标层的综合权重。指标层各评估指标对目标层的综合权重 W =一级指标权重×二级指标权重×三级指标权重，结果见表 4-21。

表 4-21　制药行业水污染处理技术评估指标的综合权重

一级指标	权重	二级指标	权重	三级指标	权重	综合权重
技术指标	0.2257	技术先进性	0.1149	技术先进性	1	0.0259
		技术可靠性	0.6186	COD 去除效果	0.1618	0.0226
				氨氮去除效果	0.1355	0.0189
				总磷去除效果	0.1490	0.0208
				操作复杂度	0.0512	0.0071
				运行安全性	0.5025	0.0702
		技术适用性	0.2665	使用寿命	0.2162	0.0130
				抗冲击负荷	0.7838	0.0471
经济指标	0.0911	技术成本	1	基建投资费用	0.1886	0.0172
				吨水处理成本	0.6046	0.0551
				年运行维护费	0.2068	0.0188
环境指标	0.6832	环境效益	0.7647	COD 削减效果	0.3846	0.2009
				氨氮削减效果	0.3077	0.1608
		二次污染	0.2353	总磷削减效果	0.3077	0.1608
				污泥产生量	1	0.1608

4.3.2.2　模糊综合评价

根据文献调研、现场调研和专家咨询，本次评估指标评价标准分为很好、较好和一般 3 个评价等级，具体评价标准见表 4-22。然后邀请多位相关专家根据指标评价等级标准（见表 4-22），对废水废液资源化技术和制药废水处理技术进行评估，采用百分比统计法统计专家意见，最终得到各项技术各指标统计结果见表 4-23~表 4-26。

表 4-22　指标评价标准

评 估 指 标			评 价 标 准		
			很好	较好	一般
技术指标	技术先进性		技术非常先进	技术较为先进	技术先进性一般
	技术可靠性	COD 去除效果	COD 去除率很高	COD 去除率较高	COD 去除率一般
		氨氮去除效果	氨氮去除率很高	氨氮去除率较高	氨氮去除率一般
		总磷去除效果	总磷去除率很高	总磷去除率较高	总磷去除率一般
		操作复杂度	操作简单	操作比较简单	操作较复杂
		运行安全性	运行安全	运行较安全	运行存在安全风险
		使用寿命	使用寿命大于 10 年	使用寿命 5~10 年	使用寿命小于 5 年
	技术适用性	抗冲击负荷	抗冲击负荷能力强	抗冲击负荷能力一般	抗冲击负荷能力差
经济指标	技术成本	基建投资费用	投资成本低，绝大多数企业都可以承受	投资成本适中，一般企业可以接受	投资成本高，中小型企业难以承受
		吨水处理成本	处理成本低，绝大多数企业均可以负担	处理成本适中，一般企业可以负担	运行成本高，中小型企业难以负担
		年运行维护费	维护费用低，绝大多数企业均可以负担	维护费用适中，一般企业可以负担	维护费用高，中小型企业难以负担
环境指标	环境效益	COD 削减效果	COD 削减率高	COD 削减率较高	COD 削减率一般
		氨氮削减效果	氨氮削减率高	氨氮削减率较高	氨氮削减率一般
		总磷削减效果	总磷削减率高	总磷削减率较高	总磷削减率一般
	二次污染	污泥产生量	污泥产生量少	污泥产生量适中	污泥产生量大

采用层次分析法 & 模糊综合评价法分别对废水废液资源化技术与制药行业废水处理技术进行评估，结果如下：

（1）一级模糊综合评价。

以络合—解络合富集分离技术为例，构造准则层 C_i 所包含的最低层的模糊隶属矩阵和权重矩阵，根据公式：$C_i = W_i \cdot R_i$

$$C_1 = W_1 \cdot R_1 = [1] \cdot [0.375 \quad 0.625 \quad 0] = [0.375 \quad 0.625 \quad 0]$$

$$C_2 = W_2 \cdot R_2 = [0.1618 \quad 0.1355 \quad 0.1490 \quad 0.0512 \quad 0.5025] \cdot$$

$$\begin{bmatrix} 0.375 & 0.5 & 0.125 \\ 0.25 & 0.5 & 0.25 \\ 0.25 & 0.5 & 0.25 \\ 0.125 & 0.625 & 0.25 \\ 0.25 & 0.625 & 0.125 \end{bmatrix} = [0.2638 \quad 0.5692 \quad 0.1670]$$

$$C_3 = W_3 \cdot R_3 = [0.2162 \quad 0.7838] \cdot \begin{bmatrix} 0.375 & 0.375 & 0.25 \\ 0.125 & 0.625 & 0.25 \end{bmatrix}$$

$$= [0.1790 \quad 0.5710 \quad 0.25]$$

表4-23 废水废液资源化技术专家打分表 (1)

评价指标			络合—解络合富集分离技术			抗结垢精馏塔内件			嗜盐嗜碱脱硫微生物			催化湿式氧化技术			磷酸盐沉淀回收技术		
			很好	较好	一般	很好	较好	一般	很好	较好	一般	很好	较好	一般	很好	较好	一般
技术指标	技术先进性		0.375	0.625	0	0.375	0.625	0	0.5	0.375	0.125	0.125	0.75	0.125	0.25	0.625	0.125
	技术可靠性	COD去除效果	0.375	0.5	0.125	0.25	0.375	0.375	0.25	0.375	0.375	0.625	0.375	0	0.375	0.125	0.5
		氨氮去除效果	0.25	0.5	0.25	0.625	0.375	0	0.125	0.375	0.5	0.25	0.25	0.5	0.25	0.25	0.5
		总磷去除效果	0.25	0.5	0.25	0.125	0.375	0.5	0.375	0.125	0.5	0.375	0	0.625	0.75	0.25	0
		操作复杂度	0.125	0.625	0.25	0.375	0.625	0	0.375	0.375	0.25	0.125	0.5	0.375	0.375	0.5	0.125
		运行安全性	0.25	0.625	0.125	0.375	0.5	0.125	0.5	0.25	0.25	0.125	0.625	0.25	0.5	0.5	0
	技术适用性	使用寿命	0.375	0.375	0.25	0.375	0.375	0.25	0.5	0.375	0.125	0.125	0.375	0.5	0.375	0.625	0
		抗冲击负荷	0.125	0.625	0.25	0.5	0.25	0.25	0.25	0.25	0.5	0.375	0.375	0.25	0.625	0.375	0
经济指标	技术成本	基建投资费用	0.125	0.875	0	0.375	0.5	0.125	0.375	0.5	0.125	0.125	0.375	0.5	0.125	0.875	0
		吨水处理成本	0.25	0.75	0	0.25	0.625	0.125	0.375	0.5	0.125	0.125	0.625	0.25	0.125	0.875	0
		年运行维护费	0.375	0.625	0	0.25	0.625	0.125	0.375	0.375	0.25	0.125	0.5	0.375	0.125	0.875	0
环境指标	环境效益	COD削减效果	0.5	0.375	0.125	0.125	0.5	0.375	0.125	0.5	0.375	0.625	0.375	0	0.25	0.25	0.5
		氨氮削减效果	0.125	0.625	0.25	0.625	0.25	0.125	0.125	0.25	0.625	0.125	0.375	0.5	0.375	0.125	0.5
		总磷削减效果	0.25	0.5	0.25	0.125	0.25	0.625	0.25	0.125	0.625	0.375	0	0.625	0.75	0.25	0
	二次污染	污泥产生量	0.25	0.5	0.25	0.25	0.5	0.25	0.375	0.375	0.25	0.25	0.375	0.375	0.25	0.375	0.375

注：在相应位置打"√"。

表 4-24　废水废液资源化技术专家打分表 (2)

评价指标			铁碳微电解技术			沉淀结晶技术			树脂吸附技术			无机陶瓷膜分离技术			反渗透膜分离技术			超滤-反渗透双膜分离技术		
			很好	较好	一般	很好	较好	一般	很好	较好	一般	很好	较好	一般	很好	较好	一般	很好	较好	一般
技术指标	技术先进性	COD 去除效果	0.143	0.4285	0.4285	0.375	0.5	0.125	0.25	0.625	0.125	0.5	0.375	0.125	0.625	0.125	0.25	0.5	0.375	0.125
		氨氮去除效果	0.571	0.286	0.143	0.125	0.5	0.375	0.25	0.25	0.5	0.625	0.125	0.25	0.625	0.375	0	0.625	0.25	0.125
		总磷去除效果	0.143	0.286	0.571	0.25	0.5	0.25	0.25	0.375	0.375	0.5	0.25	0.25	0.5	0.25	0.25	0.5	0.25	0.25
	技术可靠性	操作复杂度	0.143	0.571	0.286	0.375	0.375	0.25	0.25	0.375	0.375	0.5	0.375	0.125	0.625	0.25	0.125	0.375	0.375	0.25
		运行安全性	0.143	0.4285	0.4285	0.5	0.25	0.25	0.375	0.25	0.375	0.25	0.375	0.375	0.25	0.375	0.375	0.25	0.5	0.5
		使用寿命	0.286	0.428	0.286	0.625	0.375	0	0.5	0.5	0	0.375	0.375	0.25	0.5	0.375	0.125	0.375	0.5	0.125
	技术适用性	抗冲击负荷	0.143	0.571	0.286	0.625	0.375	0	0.375	0.25	0.375	0.25	0.25	0.5	0	0.625	0.375	0.125	0.375	0.5
经济指标	技术成本	基建投资费用	0.286	0.714	0	0.375	0.625	0	0.375	0.375	0.25	0.375	0.625	0.125	0.25	0.375	0.375	0.125	0.5	0.375
		吨水处理成本	0.4285	0.4285	0.143	0.375	0.5	0.125	0.125	0.625	0.25	0.25	0	0.625	0.25	0.375	0.375	0.25	0.25	0.5
		年运行维护费	0.143	0.714	0.143	0.375	0.625	0	0.125	0.625	0.25	0.375	0.375	0.375	0.25	0.375	0.375	0.25	0.25	0.5
环境指标	环境效益	COD 削减效果	0.143	0.714	0.143	0.125	0.375	0.5	0.25	0.625	0.125	0.625	0.125	0.5	0.625	0.375	0	0.625	0.25	0.125
		氨氮削减效果	0.571	0.143	0.286	0.3725	0.375	0.25	0.125	0.375	0.625	0.5	0.375	0	0.5	0.125	0.375	0.5	0.125	0.375
		总磷削减效果	0.143	0.286	0.571	0.125	0.375	0.5	0.125	0.375	0.5	0.375	0.25	0.25	0.5	0.125	0.375	0.375	0.375	0.25
	二次污染	污泥产生量	0.286	0.571	0.143	0.375	0.25	0.375	0.25	0.625	0.125	0.125	0.75	0.125	0.25	0.5	0.25	0.125	0.75	0.125

注：在相应位置打 "√"。

表 4-25　制药废水处理技术专家打分表（1）

评价指标			臭氧催化氧化技术			制药废水 ABR—CASS 生物强化处理技术（功能菌）			水解酸化—接触氧化			脉冲电絮凝技术		
			很好	较好	一般	很好	较好	一般	很好	较好	一般	很好	较好	一般
技术指标	技术先进性	COD去除效果	0.25	0.75	0	0.143	0.857	0	0.125	0.625	0.25	0.375	0.625	0
		氨氮去除效果	0.75	0.25	0	0.714	0.286	0	0.75	0.25	0	0.5	0.5	0
		总磷去除效果	0.25	0.5	0.25	0.4285	0.4285	0.143	0.25	0.625	0.125	0.25	0.375	0.375
	技术可靠性	操作复杂度	0.125	0.5	0.375	0.143	0.571	0.286	0.125	0.5	0.375	0.125	0.75	0.125
		运行安全性	0.25	0.5	0.25	0.286	0.714	0	0.375	0.625	0	0.25	0.375	0.375
		使用寿命	0.125	0.625	0.25	0.4285	0.4285	0.143	0.5	0.375	0.125	0.125	0.75	0.125
		抗冲击负荷	0.25	0.375	0.375	0.286	0.714	0	0.25	0.625	0.125	0.125	0.375	0.5
	技术适用性		0.375	0.5	0.125	0.4285	0.4285	0.143	0.25	0.625	0.125	0.375	0.375	0.25
经济指标	技术成本	基建投资费用	0.125	0.5	0.375	0.429	0.571	0	0.25	0.75	0	0.25	0.5	0.25
		吨水处理成本	0	0.625	0.375	0.571	0.429	0	0.375	0.625	0	0.25	0.625	0.125
		年运行维护费	0	0.875	0.125	0.571	0.429	0	0.375	0.625	0	0.375	0.375	0.25
环境指标	环境效益	COD削减效果	0.875	0.125	0	0.571	0.429	0	0.625	0.375	0	0.5	0.5	0
		氨氮削减效果	0.25	0.375	0.375	0.286	0.571	0.143	0.125	0.75	0.125	0.25	0.375	0.375
		总磷削减效果	0.125	0.375	0.5	0.143	0.571	0.286	0.125	0.5	0.375	0.125	0.625	0.25
	二次污染	污泥产生量	0.375	0.5	0.125	0.143	0.857	0	0	1	0	0.25	0.375	0.375

注：在相应位置打"√"。

表4-26　制药废水处理技术专家打分表（2）

一级指标	二级指标	三级指标	UASB-MBR 组合技术			一级厌氧脱硫-CaSO₄ 结晶组合脱硫技术			MIC 多级内循环厌氧强化生物处理技术			两级分离内循环厌氧反应器		
			很好	较好	一般	很好	较好	一般	很好	较好	一般	很好	较好	一般
技术指标		技术先进性	0.375	0.625	0	0.286	0.714	0	0.375	0.625	0	0.375	0.625	0
	技术可靠性	COD 去除效果	0.75	0.25	0	0.4285	0.4285	0.143	0.75	0.25	0	0.875	0.125	0
		氨氮去除效果	0.375	0.5	0.125	0.143	0.4285	0.4285	0.125	0.625	0.25	0.125	0.375	0.5
		总磷去除效果	0.25	0.625	0.125	0.143	0.286	0.571	0.125	0.5	0.375	0	0.5	0.5
		操作复杂度	0.25	0.5	0.25	0.143	0.714	0.143	0.25	0.5	0.25	0.125	0.625	0.25
		运行安全性	0.5	0.5	0	0.286	0.571	0.143	0.25	0.625	0.125	0.125	0.75	0.125
	技术适用性	使用寿命	0.25	0.625	0.125	0.143	0.857	0	0.375	0.5	0.125	0.5	0.5	0
		抗冲击负荷	0.375	0.5	0.125	0.429	0.571	0	0.375	0.125	0.5	0.5	0.5	0
经济指标		基建投资费用	0.25	0.5	0.25	0.428	0.286	0.286	0.25	0.625	0.125	0.5	0.375	0.125
		吨水处理成本	0.5	0.25	0.25	0.143	0.714	0.143	0.5	0.375	0.125	0.625	0.375	0
		年运行维护费	0.25	0.25	0.5	0.286	0.571	0.143	0.25	0.625	0.125	0.375	0.625	0
环境指标	环境效益	COD 削减效果	0.75	0.25	0	0.571	0.286	0.143	0.625	0.375	0	1	0	0
		氨氮削减效果	0.375	0.5	0.125	0.143	0.4285	0.4285	0.25	0.375	0.375	0.125	0.375	0.5
		总磷削减效果	0.125	0.75	0.125	0.143	0.4285	0.4285	0.125	0.5	0.375	0	0.5	0.5
	二次污染	污泥产生量	0.125	0.875	0	0.286	0.428	0.286	0.5	0.375	0.125	0.75	0.125	0.125

注：在相应位置打"√"。

由此可以得到技术指标第二层判断矩阵：

$$D_1 = \begin{bmatrix} 0.375 & 0.625 & 0 \\ 0.2638 & 0.5692 & 0.1670 \\ 0.1790 & 0.5710 & 0.25 \end{bmatrix}$$

$$C_4 = W_4 \cdot R_4 = \begin{bmatrix} 0.1886 & 0.6046 & 0.2068 \end{bmatrix} \cdot \begin{bmatrix} 0.125 & 0.875 & 0 \\ 0.25 & 0.75 & 0 \\ 0.375 & 0.652 & 0 \end{bmatrix} = \begin{bmatrix} 0.2523 & 0.7477 & 0 \end{bmatrix}$$

由此可以得到经济指标第二层判断矩阵为

$$D_2 = \begin{bmatrix} 0.2523 & 0.7477 & 0 \end{bmatrix}$$

$$C_5 = W_5 \cdot R_5 = \begin{bmatrix} 0.3846 & 0.3077 & 0.3077 \end{bmatrix} \cdot \begin{bmatrix} 0.5 & 0.375 & 0.125 \\ 0.125 & 0.625 & 0.25 \\ 0.25 & 0.5 & 0.25 \end{bmatrix}$$

$$= \begin{bmatrix} 0.3077 & 0.4904 & 0.2019 \end{bmatrix}$$

$$C_6 = W_1 \cdot R_1 = \begin{bmatrix} 1 \end{bmatrix} \cdot \begin{bmatrix} 0.25 & 0.5 & 0.25 \end{bmatrix} = \begin{bmatrix} 0.25 & 0.5 & 0.25 \end{bmatrix}$$

由此可以得到环境指标第二层判断矩阵为

$$D_3 = \begin{bmatrix} 0.3077 & 0.4904 & 0.2019 \\ 0.25 & 0.5 & 0.25 \end{bmatrix}$$

（2）二级模糊综合评价。

通过一级模糊综合运算求出准则层 C 中各项指标所对应的不同评价等级的隶属度，根据公式：$B_1 = W_1 \cdot D_1$，则第二层模糊综合评价集

$$B_1 = W_1 \cdot D_1 = \begin{bmatrix} 0.1149 & 0.6186 & 0.2665 \end{bmatrix} \cdot \begin{bmatrix} 0.375 & 0.625 & 0 \\ 0.2638 & 0.5692 & 0.1670 \\ 0.1790 & 0.5710 & 0.25 \end{bmatrix}$$

$$= \begin{bmatrix} 0.2540 & 0.5761 & 0.1699 \end{bmatrix}$$

$$B_2 = W_2 \cdot D_2 = \begin{bmatrix} 1 \end{bmatrix} \cdot \begin{bmatrix} 0.2523 & 0.7477 & 0 \end{bmatrix} = \begin{bmatrix} 0.2523 & 0.7477 & 0 \end{bmatrix}$$

$$B_3 = W_3 \cdot D_3 = \begin{bmatrix} 0.7647 & 0.2353 \end{bmatrix} \cdot \begin{bmatrix} 0.3077 & 0.4904 & 0.2019 \\ 0.25 & 0.5 & 0.25 \end{bmatrix}$$

$$= \begin{bmatrix} 0.2941 & 0.4927 & 0.2132 \end{bmatrix}$$

由此可以得到第三层判断矩阵：

$$B = \begin{bmatrix} 0.2540 & 0.5761 & 0.1699 \\ 0.2523 & 0.7477 & 0 \\ 0.2941 & 0.4927 & 0.2132 \end{bmatrix}$$

（3）三级模糊综合评价。通过二级模糊综合运算求出准则层 B 中各项指标所对应的不同评价等级的隶属度，根据公式：$A_1 = W_1 \cdot B_1$，则第三层模糊综合评价集

$$A_1 = W_1 \cdot B = \begin{bmatrix} 0.2257 & 0.0911 & 0.6832 \end{bmatrix} \cdot \begin{bmatrix} 0.2540 & 0.5761 & 0.1699 \\ 0.2523 & 0.7477 & 0 \\ 0.2941 & 0.4927 & 0.2132 \end{bmatrix}$$

$$= \begin{bmatrix} 0.2813 & 0.5347 & 0.1840 \end{bmatrix}$$

通过相同的步骤，分别对抗结垢精馏塔内件、嗜盐嗜碱脱硫微生物技术、催化湿式氧化、磷酸盐沉淀回收技术、铁碳微电解技术、沉淀结晶技术、树脂吸附技术、无机陶瓷膜分离技术、反渗透技术、超滤—反渗透双膜分离技术等 10 项废水废液资源化技术，以及臭氧催化氧化技术、制药废水 ABR—CASS 生物强化处理技术（功能菌）、水解酸化-接触氧化技术、脉冲电絮凝技术、UASB—MBR 组合技术、一级厌氧脱硫—CaSO₄ 结晶组合脱硫技术、MIC 多级内循环厌氧强化生物处理技术、两级分离内循环厌氧反应器等 8 项制药废水处理技术进行一级、二级和三级模糊评估，分别得到结果为

抗结垢精馏塔内件 $A_2 = [0.2980 \quad 0.4118 \quad 0.2902]$；

嗜盐嗜碱脱硫微生物技术 $A_3 = [0.2647 \quad 0.3290 \quad 0.4063]$；

催化湿式氧化 $A_4 = [0.3164 \quad 0.3488 \quad 0.3348]$；

磷酸盐沉淀回收技术 $A_5 = [0.3901 \quad 0.3439 \quad 0.2660]$；

铁碳微电解技术 $A_6 = [0.2833 \quad 0.4046 \quad 0.3121]$；

沉淀结晶技术 $A_7 = [0.2498 \quad 0.4185 \quad 0.3317]$；

树脂吸附技术 $A_8 = [0.2016 \quad 0.4228 \quad 0.3756]$；

无机陶瓷膜分离技术 $A_9 = [0.4037 \quad 0.4062 \quad 0.1901]$；

反渗透技术 $A_{10} = [0.4507 \quad 0.3065 \quad 0.2427]$；

超滤—反渗透双膜分离技术 $A_{11} = [0.3890 \quad 0.3672 \quad 0.2438]$；

臭氧催化氧化技术 $A_{12} = [0.3608 \quad 0.4064 \quad 0.2328]$；

制药废水 ABR - CASS 生物强化处理技术(功能菌)$A_{13} = [0.3432 \quad 0.5624 \quad 0.0944]$；

水解酸化 - 接触氧化技术 $A_{14} = [0.2781 \quad 0.6086 \quad 0.1133]$；

脉冲电絮凝技术 $A_{15} = [0.2843 \quad 0.4996 \quad 0.2161]$；

UASB - MBR 组合技术 $A_{16} = [0.3845 \quad 0.5336 \quad 0.0819]$；

一级厌氧脱硫—CaSO₄ 结晶组合脱硫技术 $A_{17} = [0.2933 \quad 0.4445 \quad 0.2622]$；

MIC 多级内循环厌氧强化生物处理技术 $A_{18} = [0.3763 \quad 0.4234 \quad 0.2003]$；

两级分离内循环厌氧反应器 $A_{19} = [0.4633 \quad 0.3233 \quad 0.2134]$。

（4）综合评估得分计算。对 3 个指标评价等级"很好、较好、一般"，分别赋值为"5 分、3 分、1 分"的分值，对某一控制技术最后的模糊综合评估结果所属的隶属度分别乘以等级分值 F，即得到该污染控制技术的综合评估得分。计算公式见式（4-2）：

$$D_i = \sum_{i=1}^{n} A_{ij} \cdot F \tag{4-2}$$

式中，D_i 为污染控制技术 i 的综合评估得分；A_{ij} 为污染控制技术 i 的指标 j 的模糊评价结果；F 为评价等级分值。

根据式（4-2）计算得出制药行业废物资源化技术和制药废水处理技术的综合得分见表 4-27 和表 4-28。由计算结果可知，制药行业废水废液资源化技术综合得分较高的是无机陶瓷膜分离技术和反渗透技术，制药废水处理技术综合得分较高的是 UASB-MBR 组合技术，与企业调研结果比较发现，该评价结果与实际应用现状一致，表明评价结果是可信的。采用该评价方法，可以为制药行业水污染控制技术提供参考依据。

表 4-27 废水废液资源化技术综合得分

技 术 名 称	得 分
络合—解络合富集分离技术	3.1944
抗结垢精馏塔内件	3.0157
嗜盐嗜碱脱硫微生物技术	2.7167
催化湿式氧化	2.9633
磷酸盐沉淀回收技术	3.2481
铁碳微电解技术	2.9425
沉淀结晶技术	2.8361
树脂吸附技术	2.6250
无机陶瓷膜分离技术	3.4272
反渗透技术	3.4160
超滤—反渗透双膜分离技术	3.2906

表 4-28 制药废水处理技术综合得分

技 术 名 称	得 分
臭氧催化氧化技术	3.2559
制药废水 ABR-CASS 生物强化处理技术（功能菌）	3.4976
水解酸化—接触氧化技术	3.3296
脉冲电絮凝技术	3.1364
UASB–MBR 组合技术	3.6051
一级厌氧脱硫—$CaSO_4$结晶组合脱硫技术	3.0620
MIC 多级内循环厌氧强化生物处理技术	3.3519
两级分离内循环厌氧反应器	3.4997

4.4 制药行业全过程水污染控制技术就绪度与技术贡献度评估

4.4.1 就绪度评估

制药行业全过程水污染控制水专项技术就绪度见表4-29。其中各项技术在项目立项时的就绪度主要为2级或3级，仅头孢氨苄酶法合成关键技术立项时的就绪度为4级，而在项目验收时头孢氨苄酶法合成关键技术就绪度达到了8级，其他各项技术验收时的技术就绪度也都有很大程度的提高，有多项技术就绪度达到8级。

表 4-29 制药行业全过程水污染控制水专项技术就绪度

关 键 技 术	立项时技术就绪度	验收时时技术就绪度
基于培养基替代的青霉素发酵减排技术	2	7
头孢氨苄酶法合成关键技术	4	8

续表4-29

关 键 技 术	立项时技术就绪度	验收时时技术就绪度
粒子产品晶体形态调控共性技术	2	7
抗生素合成固定化酶规模化制备技术	2	7
结晶母液中头孢氨苄回收技术	2	5
高氨氮废水氨回收技术	2	7
高硫酸盐废水硫回收技术	2	6
磷霉素钠废水磷酸盐回收技术	3	7
含铜黄连素废水铜回收技术	3	8
VC发酵醪液渣古龙酸钠回收技术	3	7
VC制药凝结水反渗透再利用技术	3	7
制药废水超滤—反渗透双膜处理再利用技术	2	6
制药废水残留抗生素深度脱除技术	2	7
ABR—CASS生物强化处理技术	3	8
水解酸化—接触氧化处理技术	3	8
高级氧化—UASB—MBR处理集成技术	3	7
高硫酸盐制药废水脱硫—MIC多级内循环厌氧强化处理技术	3	8

4.4.2　技术贡献度评估

4.4.2.1　创新性评估

制药行业全过程水污染控制水专项技术创新性评估见表4-30。其中，粒子产品晶体形态调控共性技术和高硫酸盐废水硫回收技术为独立开发的全新技术，创新性评估等级为原始创新。头孢氨苄酶法合成与分离技术、磷霉素钠废水磷酸盐回收技术、含铜黄连素废水铜回收技术、残留抗生素深度脱除技术、ABR—CASS生物强化处理技术、高级氧化—UASB—MBR处理集成技术、高硫酸盐制药废水脱硫–MIC多级内循环厌氧强化处理技术、高浓度有机制药废水两级分离内循环厌氧处理技术为集成创新，通过对各项技术要素和内容进行选择、集成和优化，形成优势互补的有机整体。基于培养基替代的青霉素发酵减排技术、抗生素合成固定化酶规模化制备技术、结晶母液中头孢氨苄回收技术、高氨氮废水氨回收技术、VC发酵醪液渣古龙酸钠回收技术、VC制药凝结水反渗透再利用技术、超滤—反渗透双膜处理再利用技术、水解酸化—接触氧化处理技术为应用创新。

表4-30　制药行业全过程水污染控制水专项技术创新性评估

三级成果	四级成果（关键技术）	创新性评估结果
原料药（抗生素）制造清洁生产技术	基于培养基替代的青霉素发酵减排技术	应用创新
	头孢氨苄酶法合成与分离技术	集成创新
	粒子产品晶体形态调控共性技术	原始创新
	抗生素合成固定化酶规模化制备技术	应用创新

三级成果	四级成果（关键技术）	创新性评估结果
废水废液资源化技术	结晶母液中头孢氨苄回收技术	应用创新
	高氨氮废水氨回收技术	应用创新
	高硫酸盐废水硫回收技术	原始创新
	磷霉素钠废水磷酸盐回收技术	集成创新
	含铜黄连素废水铜回收技术	集成创新
	VC发酵醪液渣古龙酸钠回收技术	应用创新
	VC制药凝结水反渗透再利用技术	应用创新
	超滤-反渗透双膜处理再利用技术	应用创新
废水处理技术	残留抗生素深度脱除技术	集成创新
	ABR—CASS生物强化处理技术	集成创新
	水解酸化—接触氧化处理技术	应用创新
	高级氧化—UASB—MBR处理集成技术	集成创新
	高硫酸盐制药废水脱硫—MIC多级内循环厌氧强化处理技术	集成创新
	高浓度有机制药废水两级分离内循环厌氧处理技术	集成创新

4.4.2.2 技术贡献度评价

制药行业水污染全过程控制成套技术系列3个技术单元自1994年至2018年期间的中英文论文及专利的水专项贡献情况见表4-31。水专项在3个技术单元的中文论文产出数量的贡献率分别为3.70%、6.35%、3.85%，在英文论文产出数量的贡献率分别为0%、0.6%和0.46%。

表4-31 制药行业水污染全过程控制技术系列中英文文献水专项贡献

二级成果	三级（成套技术）	论文/篇		水专项贡献/%	
		中文	英文	中文论文	英文论文
制药行业水污染全过程控制成套技术	原料药（抗生素）制造清洁生产技术	27	44	3.70	0
	制药行业废水废液资源化技术	63	467	6.35	0.6
	制药行业废水处理技术	1820	3287	3.85	0.46

5 制药行业废水污染治理难点与技术需求

5.1 制药行业高关注度问题

5.1.1 毒性原料使用与替代

制药行业产品种类多,按照国家统计局分类,化学原料药共 24 大类,108 小类,目前生产 1683 个品种。不同原料制药生产过程工艺中用到的原辅料有很大不同,常见的原辅料种类包括:有机溶剂、增溶剂、无机化学品、助剂、乳化剂、吸收剂、稀释剂、螯合剂、酶、催化剂、pH 值调节剂、其他物质等。其中一些属于危险化学品,物料转化率低,造成污染物种类多。特别是有机溶剂类别多、用量大,常用有机溶剂品种高达近两百种。

在制药加工过程中,常使用大量的有机溶剂,比如乙醇、乙醚、丙酮、氯代烃等多种有机溶剂被大量用于生物工程制药的萃取、浸析、洗涤过程,或制剂制备的包衣工艺。制药工艺中加氢、催化、重氮化、酯化等化学合成反应过程同样需要大量有机溶剂,包括苯、氯苯、二氯甲烷等几十种有毒有害有机物,药物加工反应过程残留的大量有机反应溶剂及中间产物是制药废水中有机物质的主要来源,会直接造成废水 COD、BOD_5 升高,有的高达几万甚至几十万。此外,制药废水中含有多种易挥发有机溶剂,例如苯、氯苯、二氯甲烷等。

在制药工业中常使用大量的有机溶剂通过萃取、浸析、洗涤等方法对生物药物进行分离纯化和精制。如乙醇、乙醚和丙酮在维生素、激素、抗生素等的浓缩和精制过程中是传统的常用溶剂,此外高级醇、酮类、氯代烃溶剂、高级醚、酯等也常被使用。根据陈利群[115]的总结整理,维生素、抗生素等药品所使用的溶剂见表 5-1。

表 5-1 药品生产中常用溶剂

药品名称	生产环节	常见溶剂
咖啡	萃取	甲醇、乙醇、异丙醇、乙醚、异丙醚、丙酮、二氯乙烷、苯、石油醚
咖啡因	萃取	二氯乙烷、三氯乙烯
孕甾酮	萃取	丁醚、1,2-二氯乙烷、乙醚、丁醇、己醇
维生素 A,D	萃取	1,2-二氯乙烷、二氯甲烷
维生素 A,D	沉淀	乙醇、异丙醇
维生素 B	萃取	丙酮、异丙醇
维生素 B	萃取	醋酸乙酯(98%)
维生素 B_{12}	精制	丁醇、煤焦油烃类
维生素 C	沉淀	丙酮、甲醇混合溶液

续表5-1

药品名称	生产环节	常 见 溶 剂
青霉素	萃取	精制丙酮、氯仿、氯苯、乙醚、丁酮、丁醇、仲丁醇、乙酸戊酯、乙酸甲基戊酯、甲基异丁基（甲）酮
氯霉素	萃取、精制	乙酸乙酯、乙酸异丙酯、乙酸戊酯
金霉素	萃取	丙酮、丁醇、乙二醇-乙醚
某些生物药品	中药酶提成	甲苯、二甲苯
	生化药提取	二甲苯、汽油

原料药制备工艺中可能涉及的溶剂主要有3种来源：合成原料或反应溶剂、反应副产物、由合成原料或溶剂引入。其中合成原料或反应溶剂是最常见的残留溶剂来源。制药工业合成药卤化、烃化、硝化、重氮化、酰化、酯化、醚化、胺化、氧化、还原、加成、缩合、环合、消除、水解、重排、催化氢化、裂解、缩酮、拆分、乙炔化等反应都有各类有机溶剂参加。各种合成药反应类型所使用的有机溶剂举例见表5-2。

表5-2 反应类型与使用的有机溶剂

反应类型	有 机 溶 剂	反应类型	有机溶剂
加氢	低级醇、乙酸、烃类、二噁烷	弗瑞德-克莱福特反应（Friedel-Crafts）	硝基苯、苯、二硫化碳、四氯化碳、四氯乙烷、二氯乙烷
氧化	甲醇、乙酸、吡啶、硝基苯、氯仿、苯、甲苯、二甲苯	缩合	乙醚、苯、甲苯、二甲苯、丙酮、DMF、苯胺、三氯乙烯、二氯乙烷、丙烯腈
卤化	甲醇、四氯化碳、乙酸、二氯乙烷、四氯乙烷、二氯代苯、三氯代苯、硝基苯、DMF、氯仿、三氯乙烯、苯、甲苯、二甲苯	脱水	苯、甲苯、二甲苯、乙烯
酯化	甲醇、甲醛、苯、甲苯、二甲苯、丁醚、DMF、氯仿、三氯乙烯	磺化	甲醇、硝基苯、二噁烷、多氯苯、氯仿
硝化	乙酸、二氯代苯、硝基苯、二甲苯	脱氢	喹啉、己二胺
重氮化合物	乙醇、乙酸、吡啶、甲醇、苯	脱羧	喹啉
偶联反应	甲苯胺	缩醛化	苯、己烷
格利雅反应（Grignard）	乙醚、高级醚	酰化	甲醇、二氯乙烷、氯仿、苯、甲苯

在制剂制备过程中，有时也会使用到有机溶剂，如包衣过程、透皮制剂制备等。表5-3是一些制剂生产使用有机溶剂的情况。

表5-3 某些制剂生产使用的有机溶剂

物质名称	生产环节/方法	常 见 溶 剂
固体制剂	制颗粒、固体分散	乙醇、氯仿、丙酮
	包衣、微型包囊	乙醇、甲醇、异丙醇、丙酮、氯仿、甲醛
	软胶囊洗丸、配液	氯仿、四氯化碳或乙醇、溶剂汽油、松节油

物质名称	生产环节/方法	常 见 溶 剂
液体制剂	配液	乙醇、丙二醇、聚乙二醇、二甲基亚砜、醋酸乙酯
注射剂与滴眼剂	配液	乙醇、丙二醇、聚乙二醇（平均相对分子质量300~400）
	安瓿印字	二甲苯、甲醛
	软管印刷	二甲苯、甲醛
涂膜剂	配药液	乙醇、丙酮、乙醇+丙酮
气雾剂	药物配制	乙醇、丙二醇或聚乙二醇
浸出制剂	浸出	乙醇、氯仿、乙醚、石油醚
贴膏剂	溶剂法	汽油

有机溶剂存在一定的毒性，根据有机溶剂对生理作用产生的毒性可分为：

（1）损害神经的溶剂，如伯醇类（甲醇除外）、醚类、醛类、酮类、部分酯类、苄醇类等。

（2）肺中毒的溶剂，如羧酸甲酯类、甲酸酯类等。

（3）血液中毒的溶剂，如苯及其衍生物，乙二醇类等。

（4）肝脏及新陈代谢中毒的溶剂，如卤代烃类，苯的氨基及硝基化合物等。

（5）肾脏中毒的溶剂，如四氯乙烷及乙二醇类等。

（6）生殖毒性的溶剂，如二硫化碳，苯和甲苯等。

（7）导致肿瘤的溶剂，如联苯胺致膀胱癌，氯甲醚致肺癌，氯乙烯致肝血管肉瘤。

制药工业中有毒原料如部分有机溶剂在全流程中对环境和人体的危害已经引起了相关关注，如头孢氨苄生产工艺中的"二氯甲烷和特戊酰氯"被列入《国家鼓励的有毒有害原料（产品）替代品目录》。目前改革工艺，用无毒或低毒物质代替高毒物质成为研究新热点。例如，制剂的包衣液采用水代替有机溶剂；软胶囊洗丸采用乙醇或溶剂汽油代替氯仿或四氯化碳；以乙醇等作为有机溶剂或者萃取剂等。

5.1.2　抗生素残留/抗性基因

目前抗生素种类近千种，临床常用的也有上百种，抗生素的广泛使用必然会导致过多的残留物进入水体环境中。据文献报道，近年来在许多国家的河流、湖泊、甚至地下水中均能检出到抗生素的残留[116~120]，其浓度大多在每升纳克至微克水平。因此抗生素在水体中的残留也成为近期公众关注对象。我国是抗生素生产和消费大国，其中人类医疗占42%，畜牧业占48%。我国也是世界上抗生素滥用情况最严重的国家之一，我国患者抗生素使用率占70%，远高于发达国家的30%。

根据马小莹[121]等人的研究，针对部分长江、太湖和淮河等水体30种水样中5类共39种抗生素进行测定，共检出20种抗生素污染物，占51.3%。30份水样中，青霉素V和罗红霉素检出率超过50%，检出率最高的为罗红霉素，达70%。青霉素V和罗红霉素检测浓度中位数分别为8.142ng/L和0.358ng/L，氨苄西林为1.5ng/L，其余抗生素中位数均小于0.06ng/L，青霉素V与罗红霉素是江苏省3大水源中主要抗生素污染物。同时发现最大检出浓度超过 10ng/L 的有氨苄西林、青霉素 V、红霉素、磺胺醋酰和磺胺甲噁唑等 5 种抗生素。

李可[122]等人针对深圳地区 10 条主要河流——深圳河、布吉河、大沙河、茅洲河、观澜河、西乡河、龙岗河、坪山河、福田河和新洲河中不同区段的水样，检测了氯霉素类、四环素类、磺胺类、呋喃类和喹诺酮类 5 类 20 种抗生素的污染情况。深圳地区主要河流总抗生素污染浓度在 1.5~74.3ng/L。总抗生素污染较严重的依次为枯水季布吉河（74.3ng/L）、深圳河（30.1ng/L）和观澜河（24.7ng/L）。深圳地区主要河流的抗生素污染以 3 种及以上联合污染为主，75% 河流检出 3 种及以上抗生素，优势药物依次为磺胺类、四环素类和氯霉素。

值得注意的是，虽然自然水体抗生素的来源很多，包括人体排泄、畜牧养殖业等，但有研究人员研究了华南珠江三角洲地区 4 家污水处理厂，发现 4 家污水处理厂中抗生素在进水口的浓度范围为 10~1978ng/L，在出水口的浓度范围为 9~2054ng/L，不规范排放以及我国现有污水处理工艺无法对污水中抗生素进行有效去除，也是水环境中抗生素广泛污染的原因之一，同时也是重要的污染来源。

抗生素以原型或代谢产物的形式排放到环境中，从而污染地表水、地下水和水产品，以及沉集于河流底泥、湿地等环境媒介，最终成为公众健康、细菌耐药和生态环境的潜在威胁。环境中抗生素的残留最终造成的细菌耐药已经对临床和手术治疗产生了显著的负面影响，成为人类共同面临的重大健康挑战之一。

5.1.3 制药废水毒性残留

我国工业废水排放管理仍主要采用 COD、BOD_5 和氨氮等理化指标。2010 年，我国颁布实施了制药工业污染物排放标准体系，包括发酵类、化学合成类、提取类、中药类、生物工程类和混装制剂类，规定 pH 值、色度、SS 含量、BOD_5、COD 等理化指标排放限制（详见表 5-4~表 5-9）。但是，现有的处理技术难以将制药废水中含有的不同种类有毒有害化合物完全去除。这些污染物质排放到水体后，不能在自然生态环境中完全生物降解，导致受纳水体受到有毒有害物质的长期污染。此外，许多未识别的化学物质、检测浓度低的化合物与未降解污染物在环境中相互发生化学反应，产生的二次污染物质加剧对水生物的毒害作用。

根据相关研究[123~126]，含有大量难降解有机污染物的制药废水，经过传统方法处理直接或间接排放进入受纳水体后，有毒污染物质能够长时间残留在水体中，致使受纳水体对水中生物产生毒害作用，严重影响受纳水体的生态环境稳定和安全。研究显示，处于制药废水排放下游的野生生物在低废水浓度下仍发生生理、生化上的不良反应。首先，排放到受纳水体中的有毒有害物质，大多具有较强的毒性和致癌、致畸、致突变及干扰水生生物内分泌等作用，毒害水生生物，导致水生生物种群密度减少甚至是衰亡；其次，有机物在受纳水体中进行耗氧分解时，消耗水中大量的溶解氧，致使水域中的好氧生物大量死亡，厌氧微生物大量繁殖，抑制水生生物的生长，使水域产生恶臭味；最后，制药生产的药剂及其合成中间体具有一定的杀菌、抑菌作用，威胁受纳水体中藻类等微生物的新陈代谢活动，致使生态系统的平衡被破坏。据报道，泰乐菌素等抗生素，最低剂量下仍能够阻碍微藻的生长和繁殖速度，受纳水体毒性不仅能够严重危害水生生物健康和水域环境安全，还可以表现为有毒有害物质以受纳水体为媒介，通过食物链，不断积累、富集、最终进入动物或人体内产生毒性，间接威胁动物和人类的生命安全。因此，制药废水受纳水体的毒性研究对于保障水生生物和水域水质安全，维持水生态环境平衡，保护生物和人类的健康具有重大意义。

表5-4　发酵类制药企业水污染物排放浓度限值

序号	污染物项目	限值	特别排放限值	污染物排放监控位置
1	pH值	6~9	6~9	
2	色度（稀释倍数）	60	30	
3	悬浮物	60	10	
4	五日生化需氧量（BOD_5）	40（30）	10	
5	化学需氧量（COD_{Cr}）	120（100）	50	
6	氨氮	35（25）	5	企业废水总排放口
7	总氮	70（50）	15	
8	总磷	1.0	0.5	
9	总有机碳	40（30）	15	
10	急性毒性（$HgCl_2$毒性当量）	0.07	0.07	
11	总锌	3.0	0.5	
12	总氰化物	0.5	不得检出	

注：1. 括号内排放限值适用于同时生产发酵类原料和混装制剂的联合生产企业。

　　2. 执行水污染特别排放限值的地域范围、时间由国务院环境保护主管部门或省级人民政府规定。

表5-5　化学合成类制药企业水污染物排放浓度限值

序号	污染物项目	限值	特别排放限值	污染物排放监控位置
1	pH值	6~9	6~9	
2	色度（稀释倍数）	50	30	
3	悬浮物	50	10	
4	五日生化需氧量（BOD_5）	25（20）	10	
5	化学需氧量（COD_{Cr}）	120（100）	50	
6	氨氮	25（20）	5	
7	总氮	35（30）	15	
8	总磷	1.0	0.5	
9	总有机碳	35（30）	15	
10	急性毒性（$HgCl_2$毒性当量）	0.07	0.07	企业废水总排放口
11	总铜	0.5	0.5	
12	总锌	0.5	0.5	
13	总氰化物	0.5	不得检出[①]	
14	挥发酚	0.5	0.5	
15	硫化物	1.0	1.0	
16	硝基苯类	2.0	2.0	
17	苯胺类	2.0	1.0	
18	二氯甲烷	0.3	0.2	

续表5-5

序号	污染物项目	限值	特别排放限值	污染物排放监控位置
19	总汞	0.05	0.05	车间或生产设施废水排放
20	烷基汞	不得检出[①]	不得检出[①]	
21	总镉	0.1	0.1	
22	六价铬	0.5	0.3	
23	总砷	0.5	0.3	
24	总铅	1.0	1.0	
25	总镍	1.0	1.0	

注：1. 括号内排放限值适用于同时生产化学合成类原料和混装制剂的联合生产企业。

2. 执行水污染特别排放限值的地域范围、时间由国务院环境保护主管部门或省级人民政府规定。

①烷基汞检出限为10ng/L，总氰化物检出限为0.25mg/L。

表5-6 混装制剂类制药企业水污染物排放浓度限值

序号	污染物项目	限值	特别排放限值	污染物排放监控位置
1	pH 值	6~9	6~9	企业废水总排放口
2	悬浮物	30	10	
3	五日生化需氧量（BOD_5）	15	10	
4	化学需氧量（COD_{Cr}）	60	50	
5	氨氮	10	5	
6	总氮	20	15	
7	总磷	0.5	0.5	
8	总有机碳	20	15	
9	急性毒性（$HgCl_2$ 毒性当量）	0.07	0.07	
单位产品基准排水量/$m^3 \cdot t^{-1}$		300	300	排放量计量位置与污染物排放监控位置一致

注：执行水污染特别排放限值的地域范围、时间由国务院环境保护主管部门或省级人民政府规定。

表5-7 混装制剂类制药企业水污染物排放浓度限值

序号	污染物项目	限值	特别排放限值	污染物排放监控位置
1	pH 值	6~9	6~9	企业废水总排放口
2	色度（稀释倍数）	50	30	
3	悬浮物	50	10	
4	五日生化需氧量（BOD_5）	20	10	
5	化学需氧量（COD_{Cr}）	80	50	
6	动植物油	5	1.0	
7	挥发酚	0.5	0.5	
8	氨氮	10	5	
9	总氮	30	15	
10	总磷	0.5	0.5	
11	甲醛	2.0	1.0	
12	乙腈	3.0	2.0	
13	总余氯（Cl 计）	0.5	0.5	
14	粪大肠菌群数[①]/（MPN/L）	500	100	
15	总有机碳（TOC）	30	15	
16	急性毒性（$HgCl_2$ 毒性当量）	0.07	0.07	

注：执行水污染特别排放限值的地域范围、时间由国务院环境保护主管部门或省级人民政府规定。

①消毒指示微生物指标。

表 5-8　提取类制药企业水污染物排放浓度限值

序号	污染物项目	限值	特别排放限值	污染物排放监控位置
1	pH 值	6~9	6~9	
2	色度（稀释倍数）	50	30	
3	悬浮物	50	10	
4	五日生化需氧量（BOD_5）	20	10	
5	化学需氧量（COD_{Cr}）	100	50	
6	动植物油	5	5	企业废水总排放口
7	氨氮	15	5	
8	总氮	30	15	
9	总磷	0.5	0.5	
10	总有机碳	30	15	
11	急性毒性（$HgCl_2$ 毒性当量）	0.07	0.07	
	单位产品基准排水量/$m^3 \cdot t^{-1}$	500	300	排放量计量位置与污染物排放监控位置一致

注：执行水污染特别排放限值的地域范围、时间由国务院环境保护主管部门或省级人民政府规定。

表 5-9　中药类制药企业水污染物排放浓度限值

序号	污染物项目	限值	特别排放限值	污染物排放监控位置
1	pH 值	6~9	6~9	
2	色度（稀释倍数）	50	30	
3	悬浮物	50	15	
4	五日生化需氧量（BOD_5）	20	15	
5	化学需氧量（COD_{Cr}）	100	50	
6	动植物油	5	5	企业废水总排放口
7	氨氮	8	5	
8	总氮	20	15	
9	总磷	0.5	0.5	
10	总有机碳	25	20	
11	总氰化物	0.5	0.3	
12	急性毒性（$HgCl_2$ 毒性当量）	0.07	0.07	车间或生产设施废水排放口
13	总汞	0.05	0.01	
14	总砷	0.5	0.1	企业废水总排放口
	单位产品基准排水量/$m^3 \cdot t^{-1}$	300	300	排水量计量位置与污染物排放监控位置相同

注：执行水污染特别排放限值的地域范围、时间由国务院环境保护主管部门或省级人民政府规定。

5.2 制药行业废水污染控制技术需求

5.2.1 清洁生产技术需求

5.2.1.1 原料替代技术

制药工业中所用到的原辅材料众多，其中原料、中间体、溶剂多是易燃、易爆、有毒有害的物质，这些物料一旦排入环境，会带来很大的生态和健康风险。目前制药工业需要发展原料替代技术，从工艺源头减少原材料投入量、提高原材料利用率，少用或不用挥发性有机溶剂，特别是毒性原料。

5.2.1.2 过程清洁生产技术/工艺

在制药工业推行清洁生产、从源头控制污染物排放，是解决制药工业环境挑战的关键。发酵类制药在我国制药工业中占有非常重要的地位，包括由发酵生产的药物以及由其衍生的制药中间体和原料药，抗生素、维生素和他汀类药物是其中的大宗品种。该类制药中间体和原料药传统的生产路线是在发酵产出初级产品的基础上，经过复杂的、高污染的化学合成过程，甚至必须在苛刻的条件下（如低温），获得目标产物。例如合成青霉素类药物的重要中间体 6-APA（6-氨基青霉烷酸）及其衍生的原料药阿莫西林等；合成头孢菌素类药物的重要中间体 7-ADCA（7-氨基-3-去乙酰氧基头孢烷酸）、7-ACCA（7-氨基-3-氯-3-头孢烯-4-羧酸）和 7-ACA（7-氨基头孢烷酸），及其衍生的原料药头孢氨苄、头孢羟氨苄、头孢克洛等。根据研究，酶法头孢氨苄吨产品总体排污负荷低于化学法头孢氨苄生产工艺，酶法头孢氨苄吨产品废水中 COD、总氮、氯离子和头孢氨苄产生量分别为化学合成法的 64.3%、54.6%、47.4% 和 51.4%。总体来讲，与传统的化学法相比，酶法技术可以将多步合成简化为一步合成，将有机相反应转变为水相反应，将低温合成转变为近常温合成，在提高生产效率、减排控污、节能降耗、环境效益等方面表现出明显的竞争优势[127]。以酶法技术替代高污染的化学法技术已经成为发酵类制药产品清洁生产技术的发展趋势，而且酶法技术已经在少数 β-内酰胺类抗生素中间体、原料药等的生产过程成功实现了产业化。然而，酶法制药技术的发展仍然需要一个过程，目前还有一些产品的酶法技术还处于实验室研究阶段。制药行业目前迫切需要发展绿色替代技术，实现节能减排，为制药行业绿色发展提供更多的技术选择。

5.2.2 废水处理技术需求

制药废水的处理难点在于废水中污染物浓度过高，其中某些具有生物毒性的成分能抑制微生物的生长，进一步降低废水的可生化性，导致处理难度也更大[128]。

目前很多企业都是将各工艺废水进行集中收集，再汇合后期雨水、冷却水进行稀释，使其污染物浓度低于生化处理的生物抑制浓度，再进行排放。此过程中，废水污染物总量没有减少，排污量反而增大，污染物去除的压力传给了下游的集中式污水处理厂，导致目前国内很多工业园区的污水处理厂运行负荷过大。因此，目前的形势对高浓度污染废水的深度处理技术需求越来越迫切。目前国内制药废水处理技术需求在于提高废水的可生化性以及去除其毒害性和抑菌物质。

5.3 制药行业发展方向

随着时代的发展，人们的环保意识不断加强，我国对环境问题重视程度不断攀升，环境保护及治理的工作力度也不断增强。目前我国已经成为全世界最大的化学原料药出口国。事实上，在药物制造工业中不可避免产生"三废"，若生产废弃物没有妥善加以处理，直接排放会对环境产生极大的危害乃至不可消除的影响，从而使人类的生存和生活环境面临严重威胁。

目前国家层面对于制药行业的环保监管也越来越严厉。制药行业必须克服污染治理的难度不断加大与治理和技术相对匮乏挑战。

面对当前的发展困境，我国制药工业只有立足于从源头上杜绝污染的产生才能突破。制药行业的环保关键在于应该改变思路，不应再继续关注对污染物的处理，而要从药品设计及生产的起始环节加以谋划应如何控制、减少和消除污染的源头。比如在化学制药工业中运用超声化学技术、催化技术、膜技术、生物技术、超临界流体技术等，以提高化学反应收率为目的。通过对化学制药领域原有工艺技术进行升级改造，或者在反应过程中使原材料能够实现充分转化，在生产过程中选择通过不对称合成获得光学活性物质，从而减少有毒及有害物质排放量，最终实现零排放无污染的环保目的。以保护环境为出发点，生产过程尽可能优化，降低对外界的排放，极大提升制药行业的现代化生产水平，有利于我国制药行业整体竞争力的质的提升，从而实现制药行业的可持续健康发展。

6 制药行业水污染全过程控制策略和技术展望

6.1 制药行业废水污染控制策略

制药工业原料及产品类别众多、工艺流程复杂，各生产工业用水环节众多且各环节用水水质标准差异较大，产排污环节众多，不同产污节点污染特征差异较大。目前"十一五"和"十二五"期间针对制药行业进行了初步的污染源解析，主要研究内容为单位产品污水产排放量和常规污染物的产排放量，如 COD、氨氮和 SS。但是针对制药生产废水中毒性和危害性更大的特征污染物的研究比较薄弱，对于制药生产废水特征污染物的类别、来源、产生及其废水处理过程中的迁移转化一直不太明确，重点控制环节和重点控制污染物没有准确的数据支持，给制药废水污染控制策略的制定带来了一些障碍。

制药行业需要针对大宗原料药生产全流程污染源深度解析，筛选重点产污环节，进行废水污染物成分谱分析，识别和确定大宗抗生素生产废水的特征污染物，以及特征污染物在生产以及废水处理过程中的迁徙转化规律。明确制药废水特征污染物的环境风险和生产全过程的环境轨迹，通过深入解析制药行业水污染物迁移和转化的规律，明确主要控制节点和主要污染物，为制药行业水污染控制策略的制定提供支撑。

通过前文分析，目前制药行业主要问题在于以下几点：（1）原辅料种类多，部分具有"致畸、致癌、致突变"等生物毒性；（2）生产工艺复杂，工艺流程长，产污节点比较多，部分缓解转化率比较低；（3）废水具有生物毒性，具有抑菌性，废水存在抗生素残留，处理难度比较大，存在技术难点。

针对以上问题，制药行业水污染控制应以"原料替代—过程控制—无害化处理—资源化回用"全流程综合控制这一理念出发，从全流程统筹考虑，结合清洁生产技术与末端治理，针对重点问题开展专项研究和技术攻关，解决"卡脖子"的关键科学问题，从而实现制药行业的可持续性良性发展。

6.2 制药行业水污染全过程控制技术展望

6.2.1 制药行业未来水污染全过程控制技术发展趋势

随着我国制药行业的发展，制药废水已逐渐成为重要的污染源之一，其废水通常具有成分复杂、有机污染物种类多、含盐量高、色度深等特性，比其他有机废水更难处理。因此，单纯依靠末端治理难以从根本上解决制药行业的污染问题，为了全面支撑资源节约型与环境友好型社会建设，制药行业必须以基于全生命周期的水污染防治全过程控制为核心指导思想，从优化产业结构、清洁生产、分质处理及资源回用、强化末端治理 4 个方面，有效推进制药行业水污染控制。

（1）优化产业结构，促进节水减排。提高企业创新能力，大力推动新产品研发和产业化，鼓励企业采用新技术、新工艺、新装备进行技术改造，不断提升制药生产技术水平。鼓励制药工业规模化、集约化发展，提高产业集中度，减少制药企业数量。限制大宗低附加值、难以完成污染治理目标的原料药生产项目，防止低水平产能的扩张，提升原料药深加工水平。开发下游产品，延伸产品链，鼓励发展新型高端制剂产品。

同时推进现有制药企业和园区开展以节水为重点内容的绿色高质量转型升级和循环化改造，促进企业间串联用水、分质用水、一水多用和循环利用。新建企业和园区要在规划布局时，统筹供排水、水处理及循环利用设施建设，推动企业间的用水系统集成优化。

（2）强化综合治理，从单纯的达标排放向资源回收和废水资源化方向发展。目前，制药企业常用的废水处理方法大多为一级或多级治污，然后实现达标排放，这样处理不仅浪费废水中的有价资源，而且污水处理费用高，同时由于污染物迁移转化，易造成二次污染。因此先从废水中回收有价资源，然后将处理后的水资源回用将成为今后的发展趋势。"十二五"和"十三五"期间，围绕"减量化、无害化、资源化"的基本原则，我国制药工业废水处理已取得了阶段性进展和成果，实现了减量化和部分无害化，处理处置技术体系和政策标准体系初具雏形，但资源化远滞后于当前的科技发展水平。从以"处理处置"为目标转变为以"资源化利用"为导向，走"绿色、低碳、循环"发展道路，将是解决废水污染问题、缓解我国资源短缺的重要突破口。观念转变、科技创新是开创工业废水特别是钢铁制药行业废水资源化利用新局面的核心。

（3）基于污染物全生命周期的综合控污。大力推动清洁生产，加强资源节约和综合利用，促进制药行业向绿色低碳方向发展，鼓励使用无毒、无害或低毒、低害的原辅材料，减少有毒、有害原辅材料的使用，从而减少源头有毒有害污染物产生，降低后续污染治理的负荷，提升制药行业水污染控制成效。

同时针对制药行业产品多、产量小、污染强度大、污染成分复杂的情况，总结行业污染特征，从制药行业生产流程各环节出发，研究制药行业在不同生产品种、不同原料、不同工艺、不同规模的条件下产排污环节、产污机理、产排量以及特征污染物等情况，总结制药工业排污规律与特点，重点研究各产品的产污环节废水、废气、固废组成以及有毒有害污染物的存在形态及特征，总结出制药行业排污量、特征污染物的贡献率和对环境的影响情况，分析和研究特征污染物处理过程中的迁移转化规律，全面掌握制药行业有毒有害污染物的污染源、汇分布，在绿色化学、清洁生产的基础上，利用系统工程的原理和方法及思路，进行过程综合，将污染物全过程作为整体考虑，统筹污染物控制及处理的各项技术，建立全过程水污染控制技术体系及工艺集成，在满足环保标准的同时，实现综合成本最小化。

6.2.2　制药行业水污染全过程控制技术路线图

根据制药行业水污染全过程控制方案和各单项关键技术的发展状况，提出制药行业水污染全过程控制路线图，如图6-1所示。图6-1重点从时间节点上分析预判全过程控制方案实施进度。通过"十一五""十二五""十三五"3个五年计划，分阶段实施制药行业的水污染全过程控制方案。"十一五"阶段，以提高废水的可生化性为目标，开展了以高级氧化一系列单项技术的研发，并在部分制药企业实现工程应用。

"十二五"期间，制药行业水污染全过程控制以单项关键技术集成为主，并完善制药生产中催化剂铜、磷霉素废水的有机磷、VC 发酵醪液渣古龙酸钠资源化等关键技术，初步形成制药行业水污染控制的整套技术。

与此同时，国家也制定相关法规和指导文件，引导企业提升清洁生产水平。如工业和信息化部《医药工业"十二五"发展规划》中将推进医药工业绿色发展作为一项主要任务。提高清洁生产和污染治理水平。以发酵类大宗原料药污染防治为重点，鼓励企业开发应用生物转化、高产低耗菌种，高效提取纯化等清洁生产技术，加快高毒害、高污染原材料的替代，从源头控制污染。开发生产过程副产物循环利用和发酵菌渣无害化处理及综合利用技术，以提高废水、废气、废渣等污染物治理水平。并选择具备一定基础、环境适宜的地区，重点改造和提升一批符合国际 EHS（环境、职业健康、安全）标准、实施清洁生产的化学原料药生产基地，实现污染集中治理和资源综合利用。医药中间体在此规划中没有得到体现。

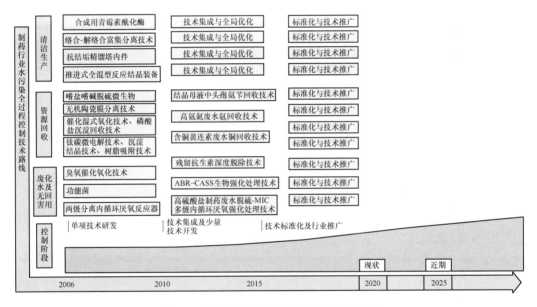

图 6-1 制药行业水污染全过程控制路线图

"十三五"期间，对前期形成的单项关键技术和成套处理技术进行标准化升级，面向所有制药进行行业内推广工作。工信部在此期间发布的《医药工业发展规划指南》将推动绿色生产技术开发应用，以化学原料药为重点，开发应用有毒有害原料替代、生物合成和生物催化、无溶剂分离等清洁生产工艺，提高挥发性有机物无组织排放控制水平和发酵菌渣等三废治理水平。

在单项关键技术开发、关键技术集成优化、成套技术标准化及行业推广的不同发展阶段中，处理成本、节水和污染物排放始终贯穿其中。这是制药行业水污染控制成效的 3 大重要指标，也是判断技术先进行、经济性、实用性的合理依据。通过 3 个不同阶段的技术开发和集成工程，稳步实现制药行业水污染达标排放、有效控制企业污染物排放总量，使制药企业节水减排，健康发展。

参 考 文 献

［1］工业和信息化部. 2018 年中国医药统计年报（综合册）［M］. 北京：工业和信息化部，2018.

［2］中国化学制药工业协会. 中国化学制药工业年度发展报告（2015 年）［R］. 北京：中国化学制药工业协会，2015.

［3］中国化学制药工业协会. 中国化学制药工业年度发展报告（2016 年）［R］. 北京：中国化学制药工业协会，2016.

［4］中国化学制药工业协会. 中国化学制药工业年度发展报告（2017 年）［R］. 北京：中国化学制药工业协会，2017.

［5］中国化学制药工业协会，中国化学制药工业年度发展报告（2018 年）［R］. 北京：中国化学制药工业协会，2018.

［6］工业和信息化部. 中国化学制药工业年度发展报告（2016 年）　［R］. 北京：工业和信息化部，2016.

［7］工业和信息化部. 中国化学制药工业年度发展报告（2017 年）　［R］. 北京：工业和信息化部，2017.

［8］工业和信息化部. 中国化学制药工业年度发展报告（2018 年）　［R］. 北京：工业和信息化部，2018.

［9］环境保护部. 制药工业污染防治可行技术指南 原料药（发酵类、化学合成类、提取类）和制剂类（征求意见稿）［S］. 2015.

［10］中华人民共和国生态环境部. 中国生态环境状况公报（2014 年）［R］. 北京：中华人民共和国生态环境部，2014.

［11］中华人民共和国生态环境部. 中国生态环境状况公报（2009 年）［R］. 北京：中华人民共和国生态环境部，2009.

［12］中华人民共和国生态环境部. 中国生态环境状况公报（2010 年）［R］. 北京：中华人民共和国生态环境部，2010.

［13］中华人民共和国生态环境部. 中国生态环境状况公报（2011 年）［R］. 北京：中华人民共和国生态环境部，2011.

［14］中华人民共和国生态环境部. 中国生态环境状况公报（2012 年）［R］. 北京：中华人民共和国生态环境部，2012.

［15］中华人民共和国生态环境部. 中国生态环境状况公报（2013 年）［R］. 北京：中华人民共和国生态环境部，2013.

［16］中华人民共和国生态环境部. 中国生态环境状况公报（2015 年）［R］. 北京：中华人民共和国生态环境部，2015.

［17］曾萍，宋永会，等. 辽河流域制药废水处理与资源化技术［M］. 北京：中国环境出版集团，2019.

［18］环境保护部，国家质量监督检验检疫总局. GB 21903—2008 发酵类制药工业水污染物排放标准［S］. 北京：中国环境科学出版社，2008.

［19］环境保护部，国家质量监督检验检疫总局. GB 21904—2008 化学合成类制药工业水污染物排放标准［S］. 北京：中国环境科学出版社，2008.

［20］环境保护部，国家质量监督检验检疫总局. GB 21905—2008 提取类制药工业水污染物排放标准［S］. 北京：中国环境科学出版社，2008.

［21］环境保护部，国家质量监督检验检疫总局. GB 21906—2008 中药类制药工业水污染物排放标准［S］. 北京：中国环境科学出版社，2008.

［22］环境保护部，国家质量监督检验检疫总局. GB 21907—2008 生物工程类制药工业水污染物排放标

准［S］. 北京：中国环境科学出版社，2008.

［23］ 环境保护部，国家质量监督检验检疫总局. GB 21908—2008 混装制剂类制药工业水污染物排放标准［S］. 北京：中国环境科学出版社，2008.

［24］ 余月娟，黄静. 成都市工业废水污染物等标负荷特征分析［J］. 四川环境，2013（S1）：92-96.

［25］ 武惠升. 关于等标污染负荷计算公式［J］. 中国环境监测，1988，4（5）：58-60.

［26］《制药工业水污染物排放标准——化学合成类》编制组.《化学合成类制药工业水污染物排放标准》编制说明（征求意见稿）［S］. 2007.

［27］《制药工业水污染物排放标准——发酵类》编制组.《发酵类制药工业水污染物排放标准》编制说明（征求意见稿）［S］. 2007.

［28］ 中国化学制药工业协会. 中国化学制药工业年度发展报告［R］. 北京：中国化学制药工业协会，2014.

［29］ 工业和信息化部. 中国化学制药工业年度发展报告［R］. 北京：工业和信息化部，2014.

［30］ 王泽建，王晓惠，刘畅，等. 一种提升青霉素发酵生产单位的方法：中国，zl202010172067. 9［P］.

［31］ Veiter L，Christoph Herwig. The filamentous fungus Penicillium chrysogenum analysed via flow cytometry——a fast and statistically sound insight into morphology and viability［J］. Applied Microbiology and Biotechnology，2019.

［32］ Douma R D，Jonge L P D，Jonker C T H，et al. Intracellular metabolite determination in the presence of extracellular abundance：Application to the penicillin biosynthesis pathway in Penicillium chrysogenum［J］. Biotechnology & Bioengineering，2010，107（1）：105-115.

［33］ Lin Weilu，Huang Mingzhi，Wang Zejian，et al. Modelling steady state intercellular isotopic distributions with isotopomer decomposition units Computers & Chemical Engineering，Volume 121，2 February 2019，248-264.

［34］ Lin Weilu，Wang Zejian，Huang Mingzhi，et al. On stability analysis of cascaded linear time varying systems in dynamic isotope experiments［J］. AIChE Journal，2020，66（5）DOI：10. 1002/aic. 16911.

［35］ Wang Guan，Wang Xinxin，Wang Tong，et al. Comparative Fluxome and Metabolome Analysis of Formate as an Auxiliary Substrate for Penicillin Production in Glucose-Limited Cultivation of Penicillium chrysogenum［J］. Biotechnology Journal，2019，14（10）.

［36］ Wang Zejian，Xue Jiayun，Sun Huijie，et al. Evaluation of mixing effect and shear stress of different impeller combinations on nemadectin fermentation. Process Biochemistry 92（2020）120-129.

［37］ Fan Y，Li Y，Liu Q. Efficient enzymatic synthesis of cephalexin in suspension aqueous solution system［J］. Biotechnology and Applied Biochemistry，2020.

［38］ Kasche V. Mechanism and yields in enzyme catalysed equilibrium and kinetically controlled synthesis of β-lactam antibiotics，peptides and other condensation products［J］. Enzyme and Microbial Technology，1986，8（1）：4-16.

［39］ Sheldon R A，van Pelt S. Enzyme immobilisation in biocatalysis：Why，what and how［J］. Chemical Society Reviews，2013，42（15）：6223-6235.

［40］ 陈海欣，张赛男，赵力民，等. 固定化酶：从策略到材料设计［J］. 生物加工过程，2020，18（1）：87-94.

［41］ Sheldon R A，Woodley J M. Role of biocatalysis in sustainable chemistry［J］. Chemical Reviews，2018，118（2）：801-838.

［42］ Cipolatti E P，Valerio A，Henriques R O，et al. Nanomaterials for biocatalyst immobilization-state of the art and future trends［J］. RSC Advances，2016，6（106）：104675-104692.

［43］ Ramani K, Karthikeyan S, Boopathy R, et al. Surface functionalized mesoporous activated carbon for the immobilization of acidic lipase and their application to hydrolysis of waste cooked oil: Isotherm and kinetic studies ［J］. Process Biochemistry, 2012, 47 （3）: 435-445.

［44］ Khan A A, Akhtar S, Husain Q. Direct immobilization of polyphenol oxidases on Celite 545 from ammonium sulphate fractionated proteins of potato （Solanum tuberosum） ［J］. Journal of Molecular Catalysis B: Enzymatic, 2006, 40 （1-2）: 58-63.

［45］ 王艳艳, 袁国强, 朱科, 等. 酶法合成头孢氨苄工艺研究 ［J］. 中国抗生素杂志, 2013, 38 （07）: 516-519.

［46］ 刘东, 杨梦德, 胡国刚, 等. 一种制备头孢氨苄的方法: 河北, CN103805671A ［P］. 2014-05-21.

［47］ 王启斌, 田伟, 陈琪, 等. 从酶法制备头孢氨苄的反应产物中分离头孢氨苄的方法: 山西, CN108822133A ［P］. 2018-11-16.

［48］ Su Qinglin, Zoltan K Nagy, Chris D Rielly. Pharmaceutical crystallisation processes from batch to continuous operation using MSMPR stages: Modelling, design, and control ［J］. Chemical Engineering and Processing: Process Intensification, 2015, 89: 41-53.

［49］ Allan S. Myerson, Markus Krumme, Moheb Nasr, et al. Control systems engineering in continuous pharmaceutical manufacturing ［J］. Journal of Pharmaceutical Sciences, 2015, 104 （3）: 832-839.

［50］ 侯红杰, 刘崧, 杨晓斌, 等. 一种酶法合成头孢氨苄母液的循环利用的方法: 河北, CN106220646A ［P］. 2016-12-14.

［51］ 王启斌, 田伟, 侯瑞峰, 等. 从酶法合成头孢氨苄母液中回收头孢氨苄的方法: 山西, CN108084210A ［P］. 2018-05-29.

［52］ Mohammad Reza Samarghandi, Tariq J Al-Musawi, Anoushiravan Mohseni-Bandpi, et al. Adsorption of cephalexin from aqueous solution using natural zeolite and zeolite coated with manganese oxide nanoparticles ［J］. Journal of Molecular Liquids, 2015, 211: 431-441.

［53］ 王艳艳, 袁国强, 朱科, 等. 酶法合成头孢氨苄工艺研究 ［J］. 中国抗生素杂志, 2013, 38 （07）: 516-519.

［54］ 吴洪溪. 一种头孢氨苄结晶母液中苯甘氨酸的回收利用方法: 福建, CN105349608A ［P］. 2016-02-24.

［55］ 涂凯, 许高鹏, 吴昊, 等. 某化工制药废水处理 "零排放" 工程实例研究 ［J］. 山西化工, 2018, 38: 147-149.

［56］ 张圣敏, 李永丽. 制药废水零排放技术应用研究 ［J］. 工业水处理, 2016, 36 （12）: 109-111.

［57］ 赵平, 王振, 吴赳, 等. 制药废水膜法深度处理效果分析 ［J］. 应用技术, 2020, 49 （2）: 522-526.

［58］ 张春晖, 朱书全, 齐力, 等. 应用陶粒过滤——陶瓷膜组合对止咳糖浆制药废水深度处理的试验研究 ［J］. 2008, 2 （8）: 1066-1068.

［59］ Ma Xiaofeng, Li Yuping, Cao Hongbin, Duan Feng, Su Chunlei, Lu Chun, Chang Junjun, He Ding. High-selectivity membrane absorption process for recovery of ammonia with electrospun hollow fiber membrane ［J］. Separation and Purification Technology, 2019, 216: 136-146.

［60］ 王剑舟. 氨蒸馏工艺中蒸氨塔的模拟计算 ［J］. 浙江化工, 2012, 43 （5）: 29-33.

［61］ 郭秀玲. 直接蒸氨工艺与间接蒸氨工艺的比较 ［J］. 煤化工, 2009, 1: 18.

［62］ Song Y, Yuan P, Qiu G, et al. Research on nutrient removal and recovery from swine wastewater in China ［A］//Ashley K, Mavinic D, Koch F, Eds. International Conference on Nutrient Recovery from Wastewater Streams ［C］. London: IWA Publishing. 2009: 327-338.

［63］ Kyoung-Hun K, Son-Ki I. Heterogeneous catalytic wet air oxidation of refractory organic pollutants in industrial wastewaters：A review［J］.Journal of Hazardous Materials，2011，186（1）：16-34.

［64］Song Y，Weidler P G，Berg U，et al.Calcite-seeded crystallization of calcium phosphate for phosphorus recovery［J］.Chemosphere，2006，63（2）：236-243.

［65］Wang J S，Song Y H，Yuan P，et al.Modeling the crystallization of magnesium ammonium phosphate for phosphorus recovery［J］.Chemosphere，2006，65（7）：1182-1187.

［66］单永平，曾萍，宋永会，等.氨基修饰的大孔树脂吸附黄连素的研究［J］.环境科学学报，2013，33（09）：2452-2458.

［67］曾萍，宋永会，崔晓宇，等.含铜黄连素制药废水预处理与资源化技术研究［J］.中国工程科学，2013，03：88-94.

［68］肖宏康，肖书虎，宋永会，等.铁碳复合材料处理含铜制药废水试验研究［J］.环境工程技术学报，2013，3（04）：293-297.

［69］崔晓宇，单永平，曾萍，等.结晶沉淀-树脂吸附组合工艺回收黄连素废水中铜试验研究［J］.环境工程技术学报，2017，7（01）：1-6.

［70］崔晓宇，何绪文，单永平，等.离子交换树脂吸附黄连素废水中铜离子的研究［J］.环境工程技术学报，2017，7（2）：181-187.

［71］Kemperman G J，de Gelder R，Dommerholt F J，et al.Clathrate-type complexation of cephalosporins with β-naphthol［J］.Chem.Eur.J.，1999，5（7）：2163-2168.

［72］王新，马政生，刘庆芬.头孢氨苄络合回收工艺［J］.过程工程学报，2018，18（6）：1232-1238.

［73］Faheem Nawaz，Xie Yongbing，Cao Hongbin，et al.Catalytic ozonation of 4-nitrophenol over an mesoporous alpha-MnO_2 with resistance to leaching［J］.Catalysis Today，2015，258：595-601.

［74］Faheem Nawaz，Xie Yongbing，Xiao Jiadong，et al.Insights into the mechanism of phenolic mixture degradation by catalytic ozonation with a mesoporous Fe_3O_4/MnO_2 composite［J］.RSC Advances，2016，6：29674-29684.

［75］Wang Yuxian，Cao Hongbin，Chen Chunmao，et al.Metal-free catalytic ozonation on surface-engineered graphene：Microwave reduction and heteroatom doping［J］.Chemical Engineering Journal，2019，355：118-129.

［76］陈忠.页岩气油基钻屑的超临界水氧化处理研究［D］.北京：中国科学院大学，2018.

［77］Violeta Vadillo，Jezabel Sánchez-Oneto，Juan R Portela，et al.Advanced Oxidation Processes for Waste Water Treatment［J］.2018：333-358.

［78］李风风，王四方.超临界水氧化技术在核废物处理领域的应用［J］.2020（2）：22-25.

［79］冯津津，李晓红，曾萍，等.采用水解酸化-复合好氧处理制药工业废水的工艺评价［J］.环境工程学报，2015，9（3）：1043-1048.

［80］王明健.水解酸化-生物接触氧化法处理中药制药废水［J］.广东化工，2011，38（7）：237-238.

［81］樊杰，宋永会，张盼月，等.Fenton-水解酸化-接触氧化工艺处理磷霉素钠制药废水［J］.环境工程学报，2014，8（7）：4148-4152.

［82］吴俊峰，王现丽，时鹏辉，等.ABR-UASB-CASS工艺处理庆大霉素废水工程应用［J］.工业给排水，2012，38（5）：48-50.

［83］廖苗，樊亚东，刘诗月，等.进水成分变动下ABR-CASS耦合工艺处理制药综合废水的中试研究［J］.环境工程技术学报，2017，7（3）：293-299

［84］Klenjan W E，Keizer A D，Janssen A J H.Biologically Produced Sulfur.In：Elemental Sulfur and Sulfur-Rich Compounds I［J］.Berlin，Heidelberg：Springer Berlin Heidelberg，2003：167-188.

［85］Klenjanwe，Lammersjn，de Keizera，et al.Effect of biologically produced sulfur on gas absorption in a biotechnological hydrogen sulfide removal process［J］.Biotechnol Bioeng，2006，94（4）：633-644.

［86］宋子煜，吴丹，董健，等．气体生物脱硫及硫回收研究进展［J］．石油学报（石油加工），2015，31（02）：265-274.

［87］Ying L，Youzhi L，Guisheng Q，et al. Selection of chelated Fe（Ⅲ）/Fe（Ⅱ）catalytic oxidation agents for desulfurization based on iron complexation method［J］．China Petroleum Processing & Petrochemical Technology，2014，16（02）：50-58.

［88］Cabrita I，Ruiz B，Mestre AS，et al. Removal of an analgesic using activated carbons prepared from urban and industrial residues［J］．Chem Eng J 163：249-255.

［89］Sirtori C，Zapata A，Oller I，et al，Malato S. Decontamination industrial pharmaceutical wastewater by combining solar photo-Fenton and biological treatment［J］．Water Res，2009，43：661-668.

［90］刘立，刘畅，农燕凤，等．中药废水处理工程设计实例及分析［J］．中国给水排水，2018，34（08）：89-92.

［91］余登喜，丁杰，刘先树，等．强化混凝预处理削减中药废水的毒性［J］．环境工程学报，2016，10（11）：6133-6138.

［92］车建刚，万金保，邓觅，等．中药废水处理的工程应用［J］．水处理技术，2017，43（10）：128-130.

［93］秦伟伟，宋永会，程建光，等．O_3 氧化工艺处理黄连素制药废水研究［J］．环境工程学报，2011，5（12）：2717-2721.

［94］Qiu Guanglei，Song Yonghui，Zeng Ping，et al. Characterization of bacterial communities in hybrid upflow anaerobic sludge blanket（UASB）-membrane bioreactor（MBR）process for berberine antibiotic wastewater treatment［J］．Bioresource Technology，2013，142：52-62.

［95］Ren Meijie，Song Yonghui，Xiao Shuhu，et al. Treatment of berberine hydrochloride wastewater by using pulse electro-coagulation process with Fe electrode［J］．Chemical Engineering Journal，2011，169：84-90.

［96］任美洁，宋永会，曾萍，等．脉冲电絮凝法处理黄连素制药废水［J］．环境科学研究．2010，23（7）：892-896.

［97］Qiu Guanglei，Song Yonghui，Zeng Ping，et al. Combination of upflow anaerobic sludge blanket（UASB）and membrane bioreactor（MBR）for berberine reduction from wastewater and the effects of berberine on bacterial community dynamics［J］．Journal of Hazardous Materials，2013，246-247：34-43.

［98］彭澍晗，吴德礼．催化臭氧氧化深度处理工业废水的研究及应用［J］．工业水处理，2019，39（1）：1-7.

［99］Wang J，Chen H. Catalytic ozonation for water and wastewater treatment：Recent advances and perspective［J］．The Science of the Total Environment，2020，704（Feb. 20）：135249.1-135249.17.

［100］谢晓旺，李露泽．AAO-MBR 工艺在某城镇污水处理厂中的应用［J］．净水技术，2020，39（08）：23-27.

［101］张凯，夏星星，孙欣，等．温度对 AO-MBR 运行效果及微生物菌群的影响［J］．中国给水排水，2019，35（13）：107-111.

［102］曾丽瑶．硫酸钙结垢影响因素及化学阻垢剂合成［D］．成都：西南石油大学，2018.

［103］Tian Ping，Ning Pengge，Cao Hongbin，et al. Determination and modeling of solubility for $CaSO_4 \cdot 2H_2O$-NH_4^+-Cl^--SO_4^{2-}-NO_3^--H_2O System［J］．Journal of Chemical Engineering Data，2012，57，3664-3671.

［104］Saaty，Thomas L，Decision making with the analytic hierarchy process［J］．International Journal of Services Sciences，2008，1（1）：83-98.

［105］熊德国，鲜学福．模糊综合评价方法的改进［J］．重庆大学学报，2003，26（6）：93-95.

［106］魏权龄，SuN D B，肖志杰．DEA 方法与技术进步评估［J］．系统工程学报，1991，6（2）：1-11.

［107］王敬敏，郭继伟，连向军．两种改进的灰色关联分析法的比较研究［J］．华北电力大学学报，

2005，32（6）：72-76.

[108] 杨建新，王如松. 生命周期评价的回顾与展望 [J]. 环境科学进展，1998，6（2）：3-5.

[109] 何小群，多元统计分析在综合评判企业经济效益中的应用 [J]. 数理统计与管理，1989（2）：14-19.

[110] 凌琪. AHP 法在废水治理技术综合评价中的应用 [J]. 安徽建筑工业学院学报，1996，4（3）：51-55.

[111] 秦川. 模糊综合评价法在焦化废水处理技术中的应用 [J]. 化工环保，2009，29（5）：453-457.

[112] 杨渊. 西部小城镇污水处理技术综合评价研究 [D]. 重庆大学硕士学位论文，2004.

[113] 梁静芳. 制药行业水污染防治技术评估方法研究 [J]. 河北科技大学硕士学位论文，2010.

[114] Rodriguez，Espada R，Pariente J J，et al. Comparative life cycle assessment（LCA）study of heterogeneous and homogenous Fenton processes for the treatment of pharmaceutical wastewater [J]. Journal of Cleaner Production，2016，124：21-29.

[115] 陈利群. 制药生产中有机溶剂的使用与职业危害因素分析 [J]. 医药工程设计，2008，2（1）：22-26.

[116] 冯宝佳，曾强，赵亮，等. 水环境中抗生素的来源分布及对健康的影响 [J]. 环境监测管理与技术，2013，25（1）：14-17，21.

[117] 徐晖. 上海地区水体中抗生素类药物的检测及其环境行为研究 [D]. 上海：上海大学，2015.

[118] 金磊，姜蕾，韩琪，等. 华东地区某水源水中 13 种磺胺类抗生素的分布特征及人体健康风险评价 [J]. 环境科学，2016，37（7）：2515-2521.

[119] Brown K D，Kulis J，Thomson B，et al. Occurrence of antibiotics in hospital，residential，and dairy effluent，municipal wastewater，and the Rio Grande in New Mexico [J]. Sci Total Environ，2006，366（2-3）：772-783.

[120] 赵虹. 抗生素水生生态环境风险评价 [J]. 广州化工，2014，42（14）：150-153.

[121] 马小莹，郑浩，汪庆庆，等. 江苏省不同水源抗生素污染及生态风险评估 [J]. 环境卫生学杂志，2020，10（2）：131-136.

[122] 李可，李学云，丘汾，等. 深圳主要水体中 20 种抗生素药物分布特征 [J]. 环境卫生学杂志，2019，9（5）：455-461.

[123] 张涛，李金国，许春凤. 我国制药废水处理技术的研究及应用现状 [J]. 大众科技，2019，21（242）：38-40.

[124] 王鑫峰. 制药废水深度处理工艺技术分析 [J]. 环境工程，2019，16：78-79

[125] 熊安华. 抗生素制药废水的深度处理技术研究 [D]. 北京：北京化工大学，2006.

[126] 汤薪瑶，左剑恶，余忻，等. 制药废水中头孢类抗生素残留检测方法及环境风险评估 [J]. 中国环境科学，2014，34（9）：2273-2278.

[127] 范宜晓，王学恭，刘庆芬. 酶法技术在发酵类制药中的研究与应用 [J]. 生物产业技术，2019（2）：38-48.

[128] 李亚峰，高颖. 制药废水处理技术研究进展 [J]. 水处理技术，2014，40（5）：1-4.